U0002108

肉事典

実業之日本社 編著

張秀慧 譯

知っておいしい肉事典

133 個小常識，

讓你完全瞭解各種食用肉的
風味、口感、保存方法和料理方式。

Dictionary
of
MEATS

前言

了解越深，越能品嘗到美味—

目前在日本餐桌不可或缺的肉類料理。
在戰後，平常就能攝取到足夠的優質蛋白質，
也因為如此，日本人的平均壽命大幅延長。
在日本，能夠享受到世界各國的肉類佳餚，
真是非常幸福的國家。

但另一方面，因為BSE問題*註和食物中毒事件等，
與食用肉有關的問題不斷發生，
所以消費者對「飲食安心、安全」，
更需要有正確的知識。

本書中，
以日本人偏愛的牛肉、豬肉和雞肉為中心，共介紹了133種肉品。
其中包括五花肉和裡脊肉等，國人較熟悉的部位，
以及不太常見的內臟等。

就每一個部位，介紹其特徵及處理方法，
同時也提供了最推薦的食譜。

肉類是力量的來源。
請一探讓你口水直流的肉類世界吧！

*BSE：牛海綿狀腦症(Bovine Spongiform Encephalopathy)，就是俗稱的狂牛病。

本書的使用方法 8

第1章

牛肉 9

牛的種類 10

等級區分 11

牛肉的部位／營養 12

烹調 13

肩胛肉 14

牛頸肉 15

上肩胛肉 16

肩胛裡脊（黃瓜條） 17

前胸 18

肋眼肉 19

前腰脊肉 20

腰裡脊肉 22

胸腹 23

小腿腱 24

上後腿肉 25

外側後腿眼肉 26

外側後腿股肉 27

後腿股肉 28

後腰脊肉 29

COLUMN
肉類料理與辛香料＆香草 30

牛內臟 32

烹調／營養 33

牛舌 34

牛頰肉 35

牛心 36

牛肝 37

牛瘤胃 38

蜂巢胃 39

重瓣胃 40

皺胃　41

橫膈膜　42

肝連肌　43

牛小腸　44

牛大腸　45

牛直腸／盲腸　46

小牛胸腺　47

牛腳筋　48

牛尾　49

COLUMN 烹調重點＊油煎　50

第2章

豬肉

51

豬的種類　52

等級區分　53

豬肉的部位／營養　54

烹調　55

豬頸肉　56

上肩胛肉　57

肩胛肉　58

腰裡脊肉　59

裡脊肉　60

腿肉　62

外側後腿肉　63

胸腹肉　64

肋排　65

COLUMN 烹調重點＊熱炒　66

烹調重點＊油炸　67

豬內臟　68

烹調／營養　69

豬耳朵　70

豬舌 71

豬頭肉 72

喉軟骨 73

豬心 74

豬肺 75

豬肝 76

豬肚 77

豬腰 78

肝連肉／豬網油 79

豬腸 80

（小腸／大腸／直腸）

豬子宮 82

豬腳 83

COLUMN

調理重點＊煮 84

烹調重點＊蒸 85

吃肉會變胖是真的嗎？ 86

第 3 章

雞肉

雞的種類 88

部位 89

營養 90

烹調 91

全雞 92

腿肉 94

雞胸 95

裡脊肉 96

二節翅 97

翅腿 98

雞胗 99

內臟（雞肝／雞心） 100

雞軟骨 102

雞卵巢 103

雞骨架／雞皮 104

COLUMN

製作高湯 105

第4章

其他的食用肉

107

羊肉

羊肉的分類／烹調

108

部位／營養

109

背脊肉

110

肩胛肉

111

上肩胛肉

112

腿肉

113

馬肉／山羊肉／鹿肉

114

山豬肉／熊肉／兔肉

115

鴨肉

116

鴨的種類／烹調

117

部位／營養

118

全鴨

118

鴨腿

119

鴨胸／裡脊肉

120

翅腿／二節翅

121

鴨腳／鴨心

122

鴨胗

123

鴨肝

124

鵝肉／鵪鶉肉／鳩肉

125

火雞

126

COLUMN

日本人是從哪個時候開始吃肉呢？

127

高齡者也應該要吃肉

128

第5章

絞肉、加工品

129

絞肉 130
(牛絞肉／豬絞肉／雞絞肉／牛豬混合絞肉)

火腿 132
(裡脊肉火腿／無骨火腿／壓型火腿)

生火腿 134
(肋肉火腿／義大利風乾火腿／義式帕瑪森生
火腿／西班牙山火腿／金華火腿)

培根 136
(培根／燻肩肉／生培根)

香腸 138
(維也納香腸／粗顆粒香腸／臘腸／西班牙臘
腸／無鹽香腸／生香腸)

義式臘腸 140
(義大利米蘭臘腸／費利諾臘腸／羅馬扁臘腸
／伊比利西班牙臘腸)

叉燒 142
(蜜汁叉燒／叉燒肉)

英式烤牛肉／北京烤鴨 143

肉干 144
(牛肉干／豬肉干)

罐頭 145
(午餐肉／鹽醃牛肉罐頭)

COLUMN
自己在家就能做的煙燻雞肉 146

第6章

日本的肉品現狀

147

飼育 148

參考文獻 150

用語說明 154

本書的使用方法

本書包括牛、豬、雞肉、羊、火腿、熱狗、內臟、野味等，
總共介紹有133種。

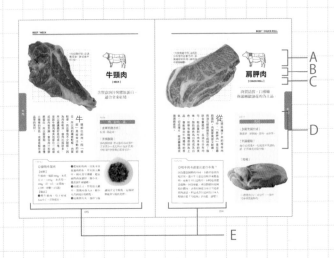

A 部位圖
使用插圖標出肉的部位。能清楚了解
部位，相當方便。

B 部位名
參考農林水產省制定的「食肉零售品質
基準」，標示出常用的名稱。

C 英語和別稱
英語標示是參考了各種文獻，而別稱則
是以烤肉店及燒鳥店的用法為主。

D DATA
以圖示標出最推薦的「烹調方法」。

煮 煮	蒸 蒸	燒 煎烤
揚 炸	挽 絞肉	湯 湯
茹 原味	素 水煮	

E TOPICS
介紹了有關肉品的資訊，處理方式和食
譜等。

第
1
章

牛肉

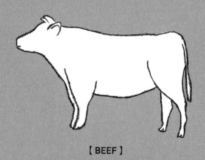

【 BEEF 】

牛。。。的種類

「和牛」和「國產牛」的不同？

「和牛」是在明治時期之後，日本原種牛和外國產的牛交配，是經過了改良的日本特有肉牛品種。有四種「和牛」是經過認定的。

＊日本黑毛和種：毛、角、四肢皆為黑色，身體結實，四肢強健。是在所有品種當中，肉質最佳的、連瘦肉部分都含有油花，油脂的風味也非常好。數量約占和牛生產量的95％。

＊日本褐毛和種：毛色為黃褐色或紅褐色，骨架大，體格健壯，發育良好。熊本縣和高知縣的紅牛，跟朝鮮牛和西門塔爾種交配。脂肪少，瘦肉較多。

＊日本短角種：毛色為褐色，骨架大且體格健壯，所以被當作耕作牛來飼養。南部的原有品種與英國短角牛交配。瘦肉部分較多，肉質柔嫩。

＊日本無角和種：毛色黑，沒有角。山口縣阿武郡產的原有品種，與英國阿伯丁安格斯種交配。雖然皮下脂肪容易增厚，但瘦肉比例卻相當高。飼養種也很少。

另一方面，所謂的「國產牛」跟品種無關，是指在日本國內飼養一定時間以上的牛的總稱。也就是說，即使是國外生產的牛（外國種），只要在日本飼養時間夠久，就稱為「國產牛」。另外，原本當作乳牛的荷爾斯坦種，以及荷爾斯坦與和牛交配的雜種也稱為「國產牛」。

TOPICS

◎何謂品牌牛？

所謂的「品牌牛」也稱為「名牌牛」，是由各地的生產、銷售團體針對黑毛和種，在飼料及餵養方法等花費相當的心力，而為了與其他牛肉做出區分，因而特別取名的國產牛。全國有150種以上的品牌牛。大多為地區性品牌，所以具有振興城鎮，以及促進「地產地銷」等成效，能幫助地區產業的活絡化。

等級區分

何謂「A5」牛肉？

進行牛肉交易時，能做為參考的就是「等級」了。在肉品專賣店及牛排店常會聽到「A5」的說法，而這就是指牛肉的等級。社團法人日本食肉格付協會通過國家的認定，以「枝肉（去頭去皮去蹄後的部分）與部位肉交易規格」訂定出來的。

部位肉的等級以「步留等級」和「肉質等級」分開評價的方式來進行。「步留等級」就是以牛隻各部位去掉骨頭和韌筋之後，能夠取得多少分量的肉來區分，優劣順序為A、B（標準）、C。

「肉質等級」則是從脂肪交雜（油花分布）、肉的色澤，肉質緊實度和紋理、脂肪色澤和質地等四項來判斷，各項再以優劣順序細分成5～1，但評定最終等級時，則以最低分來計算。

換句話說，「A5」就是指「步留等級」為A，而且「肉質等級」的四項全拿到5的牛肉才能標上此等級。

TOPICS

◎如何選擇美味的牛肉？

牛肉在屠宰後，肉質會變硬。但放置於5~10℃下貯藏1星期至10天左右，讓肉質熟成的話，那麼在這段時間，肉本身所含的酵素會將蛋白質分解，讓牛肉變得更為軟嫩，增加其美味。然後運往肉品專賣店或超市，切成薄片後販售。

剛切完的牛肉，切面的顏色偏黑，但與空氣接觸後，會慢慢變成鮮紅色。這是因為牛肉所含的水溶性蛋白質氧化所引起的。購買時，請選擇鮮紅色的牛肉。只不過，經過時間越久，肉質氧化程度越明顯，牛肉可能會轉變成褐色。購買牛肉時，最好選擇已冷藏三天左右的。

P　臀肉……p29
O　後腿股肉……p28
N　外側後腿眼肉……p27
M　外側後腿肉……p26
L　上後腿肉……p25
K　小腿腱……p24
J　腹脇肉
I　胸腹肉　┐胸腹……p23
H　腰裡脊肉……p22
G　前腰脊肉……p20
F　腰裡脊肉……p22
E　前胸……p18
D　肩胛裡脊〔黃瓜條〕……p17
C　上肩胛肉……p16
B　牛頸肉……p15
A　肩胛肉……p14

牛肉的部位

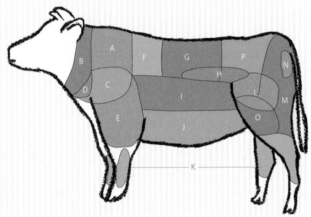

牛肉

營養

補充優質蛋白質和鐵

在牛肉所含的蛋白質中，有人體無法自行製造，必須從食物來補充的「必須胺基酸」。如果攝取不足則會發生免疫力下降，容易感到疲倦等情形。牛肉同時也含有豐富的「鐵」，所以對於預防貧血，以及改善貧血症狀很有幫助。

	M・N 前腿肉 帶脂肪、生	P 〔後腰脊肉〕 帶脂肪、生
	265	347
	17.8	15.1
	20.0	29.9
	3	3
	1.1	1.4
	0.08	0.08
	0.18	0.19
	68	81

烹調。

較硬的牛肉要如何烹調？

用拍肉器或刀背把纖維拍鬆，或是用刀尖將筋切斷，放在酒裡浸泡一段時間後再烹調。另外，切斷筋纖維時，請以直角入刀，這樣牛肉的口感就會變得比較軟。

牛肉要是加熱過頭的話？

會失去牛肉原有的風味，以及油脂的甜味，肉質也會變乾柴。在烹調牛肉前，最好能讓牛肉回到室溫，這樣就可以避免過度加熱了。

冷藏保存？

放在冷藏室保存的話，最好以三天為限。絞肉比較容易變壞，所以一、兩天就要食用完畢。最好能放在冰箱的冰溫室保存。冷藏前，請用保鮮膜確實密封，防止與空氣接觸，然後再放進密閉容器或保存用的保鮮袋裡。

冷凍保存？

放入冷凍庫保存的話，以不超過一個月為佳。冷凍過的牛肉，以低溫解凍為原則。解凍請在冷藏室的冰溫室進行，這樣肉汁就不容易流失。

牛肉

食品成分表

牛肉·和牛肉 可食用部分 100 公克	A 肩胛肉 帶脂肪、生	C·D 肩肉 帶脂肪、生	E·I·J 腹部肉 帶脂肪、生	F 肋眼肉 帶脂肪、生	G 前腰脊肉 帶脂肪、生	H 腰裡脊肉 瘦肉、生	L 上後腿肉（肉）帶脂肪、
熱量 (kcal)	411	286	517	468	498	223	246
蛋白質 (g)	13.8	17.7	11.0	12.7	11.7	19.1	18.9
脂肪 (g)	37.4	22.3	50.0	44.0	47.5	15.0	17.5
鈣質 (mg)	3	4	4	3	3	3	4
鐵 (mg)	0.7	0.9	1.4	0.8	0.9	2.5	1.0
維他命 B1(mg)	0.06	0.08	0.04	0.05	0.05	0.09	0.09
維他命 B2(mg)	0.17	0.21	0.11	0.13	0.12	0.24	0.20
膽固醇 (mg)	89	72	98	87	86	66	73

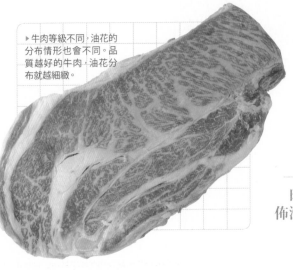

▶牛肉等級不同，油花的分布情形也會不同。品質越好的牛肉，油花分布就越細緻。

肩胛肉

【 CHUCK ROLL 】

肉質結實，口感嫩。
佈滿細緻油花的為上品。

牛肉

從頭延續下來的裡脊肉中，「肩胛肉」是在最前面的。肉質厚實卻又軟嫩，而油花細緻則是它的特色。脂肪含量適中，且油花分布均勻，能品嘗到牛肉本身的美味。脂肪顏色為白色或乳白色，如帶有黏稠觸感則為上品，會散發出牛肉獨特的香氣。切成薄片，做成壽喜燒或涮涮鍋使用。

DATA

煎烤

〔主要烹調方式〕
壽喜燒、涮涮鍋、烤肉、油封等。

〔烹調重點〕
適合切成薄片。切成厚片烹調的話，記得要先把筋切斷。

〔肉塊〕

一塊重約20～30公斤，一頭牛可取兩塊肩胛肉。

TOPICS

◎和牛的卡路里比進口牛高？

因為餵食飼料的不同，卡路里也會出現差異。進口牛主要是以牧草來餵養的，而和牛不只是牧草，同時也會餵食穀物。因為如此，所以脂肪容易囤積在體內，才會有油花分布呈雪花形狀的說法。但這或許只是因為日本人特別喜愛「雪花肉」才有此一說吧！

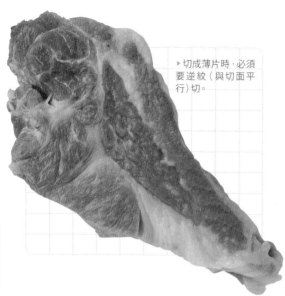

▶切成薄片時,必須要逆紋(與切面平行)切。

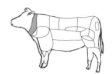

牛頸肉

【NECK】

含豐富肉汁與膠原蛋白,
適合拿來紅燒。

牛頸部位的肉。因「頸部」是經常活動的部位,所以肉的纖維較粗,肉質較硬,而且帶有不少韌筋。因為肉色較深,瘦肉比脂肪多,所以建議最好是切成小塊,或是跟牛腱肉等其他部位一起做成絞肉後烹調。富含肉汁和膠原蛋白,所以甜度夠,適合慢火燉煮的菜色,或者是製作湯品等的食材。

DATA

煮、絞肉、湯

〔主要烹調方式〕
紅燒、湯品等。

〔烹調重點〕
因肉質較硬,所以最好切成薄片,或者是2cm左右的小塊來烹煮。半解凍的狀態會比較容易切。

TOPICS

◎醬燒牛頸肉
【材料】
牛頸肉…塊狀300g、水煮大豆…100g、水煮筍…200g、薑…1片、A(醬油…1/2杯、砂糖…2大匙)
【做法】
❶把牛頸肉、筍子切成1cm小丁。薑切成末。

❷把切好的肉,以及可以蓋過肉的水、薑末放入鍋中,開火煮至沸騰,把表面的肉沫濾掉,關小火,燉煮到牛肉變軟。
❸再把大豆、竹筍放入鍋中,然後再加入A,關小火煮到湯汁快收乾。
❹最後開大火,邊拌勻邊

讓湯汁完全收乾,這樣材料就會呈現出光澤。

牛肉

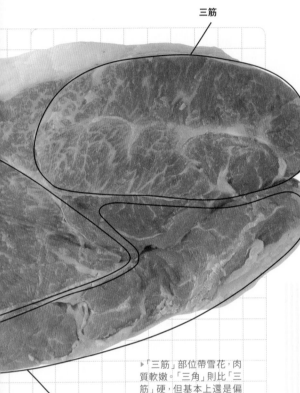

三筋

上身筋

▶「三筋」部位帶雪花,肉質軟嫩。「三角」則比「三筋」硬,但基本上還是偏軟的部位。

上肩胛肉
【 SHOULDER CLOD 】

牛肉

DATA

煮、煎烤、湯

〔主要烹調方式〕
紅燒、烤肉、湯品等。

〔烹調重點〕
去除筋膜後,切成薄片,烹調變化多樣。

〔肉塊〕

長約45公分,高約25公分。上肩胛肉的肉塊,包括各種口感不同的部位。

前腿上方部位的統稱。在牛體構造上,前肢所佔比例較高,所以運動量也會比較多,肌肉發達,故筋和筋膜較多是它的特徵。肉色較深,纖維粗,肉質硬,所以適合用來製作紅酒燉牛肉、咖哩等燉煮菜,或是做為湯品的食材。含有牛肉精華和膠質,味道鮮甜,可用來熬煮濃郁的高湯。

在日本,烤肉店會將「上肩胛

熬製高湯
最棒的部位

三角

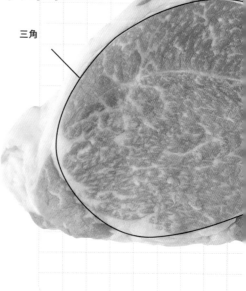

肩胛裡脊(黃瓜條)

在關西又稱為「とんび」。肉汁豐富,故可將整塊肉做成英式烤牛肉,或是去掉中間的筋,當作烤肉使用。

〔肉塊〕

形狀像辣椒,所以日本人也稱它為「唐辛子」。

▶肉質像「腿肉」,較為扎實。

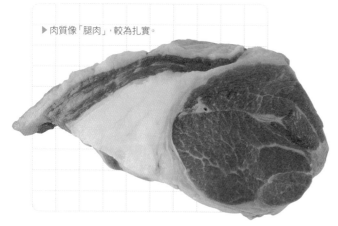

肉」再更細分成「マクラ(makura)」、「黃瓜條」、「三角」、「三筋」等。

牛肉

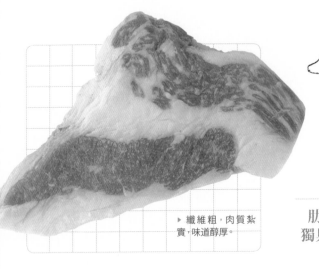

▶ 纖維粗，肉質紮實，味道醇厚。

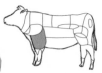

前胸
【BRISKET】

肋骨的前面部位，
獨具風味的三層肉。

肋骨周邊的肉，前面部位稱「前胸」，後面稱「胸腹肉」。瘦肉和脂肪交叉重疊，是纖維粗，口感較硬的部位。筋比「胸腹肉」多，所以緊接在「腱子」和「牛頸肉」之後，肉質也是偏硬的，因此適合切成小塊燉煮，或是整塊直接蒸煮也可以，切成薄片碳烤的話，稱為「牛五花」。

DATA

煮、蒸、煎烤

〔主要烹調方式〕
紅燒、馬鈴薯燉肉、烤肉等。

〔烹調重點〕
切成薄片的話，吃起來就不會太柴了。

〔盒裝〕

前胸的「三角五花肉」。在烤肉店又稱帶骨牛小排。

TOPICS

◎預防老化要多吃牛肉和核桃

牛肉含豐富蛋白質，而核桃則含有優質脂肪和蛋白質。從藥膳的觀點來看，牛肉是能強化骨骼及肌肉，讓身體恢復健康的食材，而核桃也是屬於滋補的食材。推薦給有關節痛，以及有皮膚和頭髮乾燥等問題的人。

▶去掉筋的部分

▶背部最長的筋，特徵是有「背帽肉」。

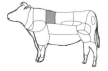

肋眼肉
【 RIB EYE ROLL 】

跟腰裡脊肉與前腰脊肉
並列為最高級的牛肉

特級牛肩肉

牛肉

意思是「肋骨的背肉」的「肋眼肉」，是位於肩裡脊肉和前腰脊肉之間的部位。色澤美，容易出現雪花脂肪。纖維細，肉質好，所以常使用於能直接品嘗牛肉原有風味的料理。位於切面中心的橢圓形部位又稱為「特級牛肩肉」，是肉質最柔嫩，味道最好的部位。

DATA

| 煎烤 |

〔主要烹調方式〕
英式烤牛肉、牛排、壽喜燒、涮涮鍋等。

〔烹調重點〕
想烹調牛排時，最好在30分鐘之前，就把牛肉從冷藏庫取出，回溫到室溫。

〔肉塊〕

切面為肩側。後面為里肌側面。越靠近里肌的肉，越是柔軟。

TOPICS

◎「牛肩肉」和「腰裡脊肉」的差別？

「牛肩肉」指的是通過肋眼肉正中央，胸部最長的筋。肉質軟嫩，分布均勻的脂肪，外表就如雪花般。而「腰裡脊肉」是脂肪較少的瘦肉。特徵是肉質比「牛肩肉」更軟。

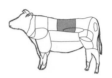

前腰脊肉
【 STRIP LOIN 】

牛肉

牛肉中
最美味的部位

DATA

煎烤

〔主要烹調方式〕
牛排、英式烤牛肉、涮涮鍋等。

〔烹調重點〕
製作牛排時，最好切成1公分
以上的厚片，這樣肉汁才不會
流失。

〔肉塊〕

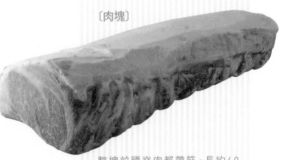

整塊前腰脊肉都帶筋，長約60
公分。

接在肋眼肉後面，是背肉的後半部，在腰脊部位的三種肉質，「肋眼肉」、「前腰脊肉」和「腰裡脊肉」當中，是曾被英國國王賦予「Sir」封號的最頂級部位。因為此部位不容易運動到，所以

◎「丁骨牛排」和BSE（見p.152）問題

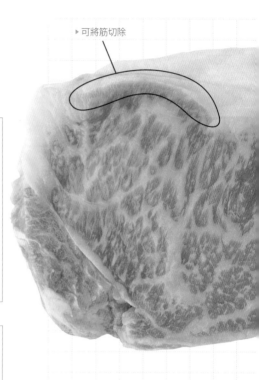

▶可將筋切除

▶雪花細緻，屬於上等肉。

TOPICS

◎「丁骨牛排」和BSE（見p.152）問題

「丁骨牛排」是帶骨的前腰脊肉，切割時，會連同內側腰裡脊肉一起切下。切面的骨頭像丁字，是能夠同時品嘗到前腰脊肉和腰裡脊肉的豪華超人氣牛排。但自從發生BSE問題之後，發生BSE問題的國家，雖然會將含有脊髓的骨頭去除，但目前還是被禁止出貨。

TOPICS

◎牛排熟度的口法

「前腰脊肉」是用來烹調牛排的代表部位，不管火侯大小，都能烹調出美味牛排。

* 「raw」是全生的狀態。
* 「blue rare」只有表面加熱，裡面是冷的。
* 「rare」只有表面煎熟，裡面保留餘溫。
* 「Medium-Rare」表面煎成褐色，裡面溫熱，但保留生的狀態。
* 「Medium」從切面看，肉色全部都變色了，但肉汁接近生的狀態。
* 「Well」肉大致上都煎熟了。
* 「Well-Done」從切面看，肉色已經不帶粉紅色。
* 「Very-Done」內外全部煎熟了，完全沒有肉汁的狀態。

肌肉較少，佈滿細緻的雪花油脂。美味程度是牛肉第一。和牛的脂肪更加豐厚。請選擇脂肪顏色是白色，或是乳白色的。老牛比較會有色素沉澱的情形，所以脂肪會呈現黃色或褐色。

牛肉

▶此部位容易變色，所以最好能盡快食用。

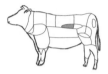

腰裡脊肉

【 TENDER LOIN 】

日本人喜歡的
最高級瘦肉

牛肉

位於「前腰脊肉」內側，順著腰椎的細長條肉塊，直徑12～15公分，長50～60公分的棒狀。軟嫩，纖維細為其特色。因脂肪分布較少，所以適合用烤或炸的方式烹調。將腰裡脊肉最粗的部位切成厚片後油煎，就是以法國小說家為名的「夏多布里昂牛排」。

DATA

煎烤

〔主要烹調方式〕
牛排、炸牛排、義式生牛肉冷盤等。

〔烹調重點〕
過度加熱會讓蛋白質凝固，那麼就會失去腰裡脊肉特有的柔嫩口感了，要注意。

〔肉塊〕

牛腹肉的一部分

去掉脂肪，整形過的狀態。中間是
「牛腹肉」的一部分。

TOPICS

◎「腰裡脊肉的
關東型態」為何？

在將牛肉切成塊時，留下少部分的牛腹肉（胸腹的一部分，位於側腹的位置，有著貝殼形狀），並且在腰裡脊肉表面留下些許脂肪，這樣因為肉塊被脂肪包覆住，所以品質不易變差。如果把牛腹肉和脂肪都去掉，就是「九州型態」。

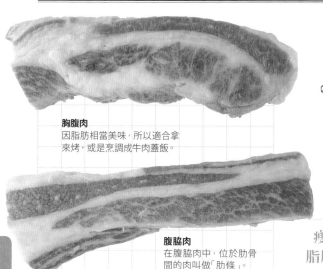

胸腹肉
因脂肪相當美味，所以適合拿來烤，或是烹調成牛肉蓋飯。

腹脇肉
在腹脇肉中，位於肋骨間的肉叫做「肋條」。

胸腹
【SHORT PLATE】

瘦肉部分少且帶筋，
脂肪豐厚且味道醇厚。

「胸腹肉」是位於肋骨附近的腹肉，韓語為「karubi」。因為是負責呼吸的肌肉，所以會經常活動到，故纖維粗，富含脂肪，韌筋和硬膜也有不少。味道醇厚，所以可用來製作牛肉蔬菜鍋或燉菜。切成薄片可做成烤肉，而且因為價格便宜，也可拿來煮壽喜燒。

DATA

煮、煎烤

〔主要烹調方式〕
紅酒燉牛肉、紅燒、烤牛五花、牛肉蓋飯、烤肉等。

〔烹調重點〕
將瘦肉跟脂肪均勻分布的肉塊切成薄片。

〔盒裝〕

切成紅酒燉牛肉用的「胸腹肉」。

TOPICS

◎「特選牛五花」、「上等五花肉」、「五花肉」的區別？

沒有明確的區分，而是各家烤肉店對自家肉品等級的區分。基本上，分布了細緻的雪花，以及口感柔嫩的五花肉就是「特選」或「上等」的。

牛肉

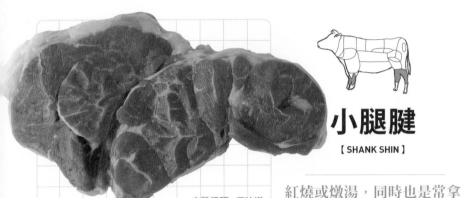

▶肉質很硬，但味道卻很醇厚。

小腿腱
【 SHANK SHIN 】

紅燒或燉湯，同時也是常拿來製成絞肉的部位。

前腿稱為「前小腿腱」，後腿稱「後腿腱子心」，指的是四肢小腿肚的肉。因為是包含伸肌、屈肌等的發達肌肉，所以雖然肉質硬，卻富含膠原蛋白及彈性蛋白等蛋白質，故經長時間燉煮後，口感會變軟，很容易入口。而用「腱子肉」製作的絞肉則是最高級的。

DATA

煮、絞肉、湯

〔主要烹調方式〕
牛肉蔬菜鍋、紅燒、絞肉、紅酒牛肉等。

〔烹調重點〕
要熬煮高湯的話，使用後腿腱子心比較好。

TOPICS

◎準備咖哩用的「腱子肉」

〔材料〕腱子肉…1kg
A(水…1杯、大蒜…1/2個、肉桂葉 4~5 片、黑胡椒…10 粒、紅酒…300cc)
〔作法〕
❶將塊狀的腱子肉放進加了足量水的鍋裡，開火將肉煮到表面變色。

❷煮好後，用溫水將脂肪洗掉，切成適當的大小。此時，把多餘的脂肪切掉。

❸在壓力鍋裡，放進步驟 2 的腱子肉和材料 A，只要熬煮 30 分鐘就完成了。

❹冷卻後，分成小份，跟湯汁一起放進保鮮袋冷凍保存。

牛肉

▶因肉質硬，所以要切片烹調，可用在中式熱炒菜上。

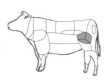

上後腿肉

【 TOP ROUND 】

脂肪最少，
是大塊的瘦肉。

後腿內側的肉，包括好幾塊肌肉的大塊瘦肉。可用來烹調牛排或烤肉等，味道偏清爽。在牛肉部位中，是脂肪最少的部位，而且因為熱量低，所以推薦給討厭脂肪的人。可整塊瘦肉一起烹調，像是做成英式烤牛肉塊，或是整塊拿來紅燒。

DATA

煮、煎烤

〔主要烹調方式〕
牛排、烤肉、英式烤牛肉、紅燒、快炒等。

〔烹調重點〕
只要把覆蓋在瘦肉上面的脂肪去掉，剩下的就是瘦肉塊了。

〔肉塊〕

最大的瘦肉塊。一塊肉大約有10～12公斤。

TOPICS

◎ 健康取向的人氣後腿牛排

使用脂肪少的「上後腿肉」製作的牛排，稱為「後腿牛排(round steak)」。是相當有彈性的瘦肉塊。在歐美，受到重視健康的人歡迎。

025

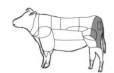

外側後腿肉
【 OUT SIDE ROUND 】

▶照片是外側後腿肉的「三叉」。
是纖維較粗的瘦肉塊。

DATA

煮、煎烤

〔主要烹調方式〕
牛肉蔬菜鍋、熱炒、紅燒、俄羅斯酸奶牛肉、烤肉等。

〔烹調重點〕
用來紅燒的話就切成小塊，或是切成薄片當作瘦肉片使用。

〔肉塊〕

長約35公分、高約20公分的外側後腿肉塊。肉的纖維分布不均。

後腿外側的肉，是運動最多最發達的部位，稱為「外側後腿肉」。「外側後腿肉」又再細分成「鵝頸」、「三叉」和「鯉魚管」。纖維粗，屬於口感較硬的瘦肉，但味道佳，幾乎沒有一點脂肪。切成薄片或細絲可用來快炒，或是切片烤肉，切成小塊狀則能拿來

燉煮後風味佳，所以
最適合做牛肉蔬菜鍋。

外側後腿眼肉（鯉魚管）

「外側後腿肉」中呈棒狀的稀少
部位。比「鵝頸」和「三叉」的肉
色要淡，具有彈性。切成薄片可用
涮涮鍋的方式品嘗。

〔肉塊〕

形狀如金塊。

▶纖維細緻，大小均
一的部位，但因
為沒有帶筋，
所以比較
硬。

煮牛肉蔬菜鍋。在歐美，多
用鹽醃漬作成牛肉罐頭。

牛肉

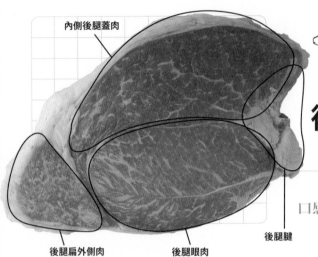

內側後腿蓋肉

後腿扁外側肉

後腿眼肉

後腿腱

後腿股肉
【 KNUCKLE 】

纖維細，
口感軟嫩的瘦肉部位。

後腿根部，位於「上後腿肉」下方內側的球狀肉塊，也稱為「和尚頭」，在美國則稱為「knuckle」。瘦肉塊，纖維細緻且口感柔嫩，是烤肉及牛排的人氣部位。「後腿股肉」又區分成「marusin」、「kamenokou」、「marukawa」和「hiuchi」等。

DATA

煮、煎烤、油炸

〔主要烹調方式〕
英式烤牛肉、紅酒燉牛肉、烤肉、炸牛排、牛排等。

〔烹調重點〕
因筋相當多，所以先將各部位分割好後再調理。

〔肉塊〕

集合了四個部位的後腿股肉，重約10公斤。

TOPICS

◎烤肉店的人氣「marusin」
位於「後腿股肉」的中心部位，在關東稱為「sinsin」，能拿來做成英式烤牛肉、牛排、炙燒等的部位。瘦肉部位較多，口感豐富，在烤肉店受到相當的歡迎。

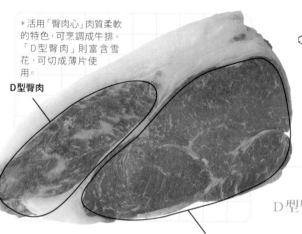

▶活用「臀肉心」肉質柔軟的特色，可烹調成牛排。「D型臀肉」則富含雪花，可切成薄片使用。

D型臀肉

臀肉心

後腰脊肉

【 RUMP 】

集合了上後腰肉、
D型臀肉、臀肉心的部位

牛肉

接在「前腰脊肉」之後，從腰到大腿的部位，包括了「臀肉心」及「D型臀肉」。在構成大牛肉塊的幾個部位當中，「臀肉心」的風味最好。雖然不像「裡脊肉」帶有細緻的脂肪，但鮮紅的瘦肉卻有著適度的脂肪，味道十分濃厚。

DATA

煮、蒸、煎烤、油炸、絞肉、湯

〔主要烹調方式〕
炙燒、牛排、英式烤牛肉、紅燒、煎等。

〔烹調重點〕
在腿肉當中，最適合烹調成牛排的部位。所有料理幾乎都適用。

〔肉塊〕

重約10公斤，一頭牛只能取兩塊。

TOPICS

◎「臀肉心」和「D型臀肉」

「臀肉心」的纖維較細，口感柔嫩。脂肪相當爽口，所以適合做成壽喜燒等。「D型臀肉」因靠近臀部，故帶有筋，有著獨特的風味。切成稍厚的肉片，可作為烤肉使用。

肉類料理與辛香料&香草

在烹調具獨特氣味的肉類時，辛香料及香草是不可或缺的。
能夠去除腥味，並且增添香氣，發揮畫龍點睛的作用。
只要善加利用，就能讓平時的美味更上一層。

【羅勒】

【月桂葉】

【奧勒岡】

活用爽口的清涼感，完成簡單的料理。

羅勒、奧勒岡、月桂葉、芝麻葉等。

可在義式生牛肉片、生香腸、披薩、燉煮雞肉時加入香草。譬如使用雞腿肉烹調的「清燙蕈類及番茄」就可加入奧勒岡，而用仔牛及豬腰裡脊肉烹調的「檸檬燉蔬菜高湯」就跟羅勒很搭。製作沙拉時也可加入新鮮香草，或是用羅勒做成醬汁，顏色會變得很漂亮！

去除肉的腥味，增添香氣。也可放進內臟料理裡。

迷迭香、鼠尾草、薄荷、馬郁蘭等

在烤豬肉或烤羊肉時，可把香草加入醬汁中，或是放進用豬頭肉烹調的鄉村風肉醬、燉煮肝臟及蜂巢胃等菜餚裡。烹調腥臭味強烈的食材時，如果跟香草一起加熱的話，就能去除掉臭味，讓食材保有原來的風味。特別是燉煮內臟時，迷迭香及鼠尾草更是不可或缺。烤羊排時，只要放入1根迷迭香，就能讓美味提升。

【迷迭香】

【鼠尾草】

【薄荷】

【八角】

【肉桂棒】

消除澀味，增添香氣。散發出獨特的甜味

肉桂棒、八角、丁香、芫荽、杜松果等

不論是紅燒、叉燒等的日式或中式料理，還是紅酒燉煮、油煎、油醋醃漬等的西式料理，這些辛香料都能增添風味。肉桂棒和八角是具有減輕腹部冰冷作用的漢方，是非常好的辛香料。獨特的甘甜香氣能去除食材的澀味，增添甜香的東方風味。因為能消除肉類的腥味，所以適合放在燉煮料理中。肉桂棒、芫荽也是咖哩的辛香料之一。

【丁香】

【黑胡椒】

日、西方的肉類料理中，不可或缺的辛香料

白胡椒、黑胡椒
(顆粒、粗粒、中、粉末)等

使用在油煎肉排、紅燒、油醋醃漬料理中。基本上，在所有日式、西式或中式的肉類料理皆可使用。白胡椒適合雞肉等白肉，而且是在調理前就使用。風味較強的黑胡椒則適合紅肉，大部分是在加熱後才使用。想讓義式生牛肉片或醬汁增添色彩的話，就同時使用綠胡椒及粉紅胡椒，應該會很美吧！

【白胡椒】

Q	P	O	N	M	L	K	J	I	H	G	F	E	D	C	B	A
牛尾⋯p49	牛腳筋⋯p48	盲腸⋯p46	牛直腸⋯p46	牛大腸⋯p45	牛小腸⋯p44	肝連肌⋯p43	橫膈膜⋯p42	皺胃⋯p41	重瓣胃⋯p40	蜂巢胃⋯p39	牛瘤胃⋯p38	牛肝⋯p37	牛心⋯p36	牛頰肉⋯p35	牛舌⋯p34	

小牛胸腺（只有小牛）⋯p47

牛內臟

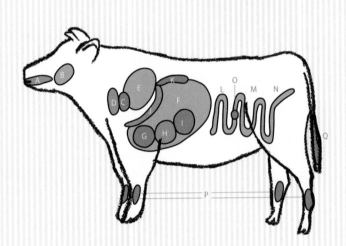

牛肉

	G 蜂巢胃 熟	H 重瓣胃 生	I 皺胃 熟	L 牛小腸 生	M 牛大腸 生	N 牛直腸 生	Q 牛尾 生
	200	62	329	287	162	115	492
	12.4	11.7	11.1	9.9	9.3	11.6	11.6
	15.7	1.3	30.0	26.1	13.0	7.0	47.1
	7	16	8	7	9	9	7
	0.6	6.8	1.8	1.2	0.8	0.6	2.0
	0.02	0.04	0.05	0.07	0.04	0.05	0.06
	0.10	0.32	0.14	0.23	0.14	0.15	0.17
	130	120	190	210	150	160	76

烹調

烹調前的準備？

一般在肉店或超市販賣的，都是已經處理好的，所以回到家後，只要搓洗乾淨，再用滾水燙熟，最後再用冷水沖洗就能烹調了。

口感偏硬，不易入口？

烹調前先用刀尖輕劃幾刀，這樣應該就比較容易入口了。

冷藏保存？

內臟等部位跟肉塊不同，酵素活動十分旺盛，所以很容易變質腐壞。購買了顏色鮮豔的內臟後，最好能夠盡早烹調。完全煮熟是最為重要的。

營養

含豐富維他命及礦物質

風味及口感相當豐富的內臟。牛肝富含蛋白質、維他命A、B2及鐵，適合有貧血狀況的人。牛舌則含有能增強體力的優質蛋白、牛磺酸。另外因為膠質很多，所以「小腸」、「大腸」很受女性的歡迎。

食品成分表

牛內臟 可食用部分 100 公克	A 牛舌 生	C 牛心 生	E 牛肝 生	F 牛瘤胃 熟
熱量（kcal）	269	142	132	182
蛋白質（g）	15.2	16.5	19.6	24.5
脂肪（g）	21.7	7.6	3.7	8.4
鈣質（mg）	5	5	5	11
鐵（mg）	2.5	3.3	4.0	0.7
維他命 B1（mg）	0.12	0.42	0.22	0.04
維他命 B2（mg）	0.30	0.90	3.00	0.14
膽固醇（mg）	100	110	240	240

牛肉

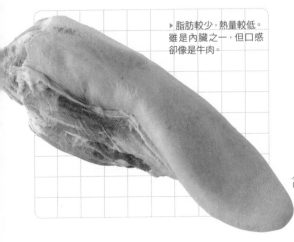

▶脂肪較少,熱量較低。雖是內臟之一,但口感卻像是牛肉。

牛舌

【 TONGUE 】

含豐富牛磺酸的高級食材

牛的舌頭稱為「牛舌」,是能拿來炭烤或做成「紅酒燉牛舌」的高級食材。一頭牛大約只能取1～2公斤。含豐富的牛磺酸。肉質雖硬,但脂肪多,只要長時間熬煮就會變軟。表面的皮不能食用,所以一般都會去掉皮,或切成片販售。

DATA

| 煮、煎烤 |

〔主要烹調方式〕
紅酒燉牛舌、醃漬味噌、炭烤等。

〔烹調重點〕
帶皮牛舌,可先浸泡在熱水1～2分鐘,再用刀背,從舌根部開始,朝舌尖將皮刮除。

〔盒裝〕

舌根部位的脂肪如細緻的雪花。

TOPICS

◎舌尖跟舌根的味道不同
長約50公分的「牛舌」,不管是外觀或是味道,舌根及舌尖都非常不同。舌尖部位,越是前面的部位筋越多,而且口感越硬,舌根部位的脂肪較多,口感偏軟,吃起來有點脆度。

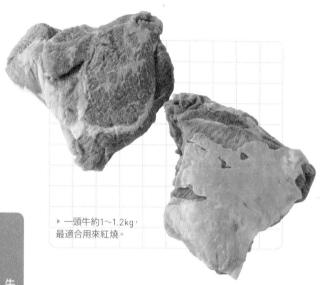

▶ 一頭牛約1~1.2kg，
最適合用來紅燒。

牛肉

牛頰肉

【 CHEEK AND SKULL MEAT 】

燉煮時間越久，
越能煮出甜味。

臉

頰和太陽穴部位的肉，主要是作為加工食品的材料。脂肪多，味道佳，所以經常使用在「紅酒燉煮」等餐廳菜色中。含豐富的膠質，越熬煮，肉的甜味會越濃醇。在韓國會拿來烹調滋補湯品「雪濃湯」。

DATA

煮、蒸、湯

〔主要烹調方式〕

燉煮、油封、關東煮等。

〔烹調重點〕

燉煮時，先用棉繩將肉塊細綁好，這樣就能防止把肉煮散了。

TOPICS

◎紅酒燉「頰肉」

【材料】牛頰肉…1kg、蔬菜(洋蔥、紅蘿蔔、西洋芹)－各1個、大蒜…1片、紅酒－1瓶、A(番茄罐頭、牛肉燴醬…各1罐、月桂葉…1片、鹽、胡椒…適量)

【做法】

❶牛頰肉切成比一口大小稍大的尺寸，蔬菜切成塊狀，大蒜用刀背拍扁。❷在保存容器裡放入①，撒上鹽巴，加入可覆蓋牛肉的紅酒，浸泡一個晚上。❸隔天，只把肉塊取出，擦掉水分，撒上鹽巴、胡椒，用平底鍋將牛肉表面煎上色，移至鍋裡。

❹蔬菜也放入平底鍋炒過，移至③的鍋裡，把②的紅酒，以及剩下的紅酒、A一起加入，加熱。❺轉小火，燉煮2~3小時，再用鹽、胡椒調味。等肉變軟爛就完成了。可按照個人喜好，放上水煮馬鈴薯等擺盤裝飾。

牛心
【HEART】

沒有腥味，口感爽脆。

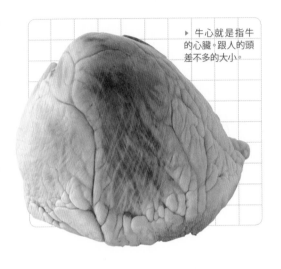

▶ 牛心就是指牛的心臟。跟人的頭差不多的大小。

成

牛的心臟，大約有2公斤重。因沒有腥味，所以是內臟中較被人接受的部位。牛心的肌纖維較細緻，所以吃起來脆口。牛心也含豐富蛋白質及維他命B1、B2。尤其是維他命B12的含量相當多，對改善貧血及失眠有效。

DATA

煮、煎烤

〔主要烹調方式〕
串燒、烤肉、紅燒等。

〔烹調重點〕
過度加熱會讓口感變硬，而且甜味會流失，要注意。

牛肉

TOPICS

◎「牛心」的處理方式

水洗後，縱切成兩半，把中間的血塊、筋和白色部分去除乾淨。用鹽水搓洗，將血水完全去除，浸泡在清水裡去除腥味。用加了具有香味的蔬菜等的高湯燉煮兩個小時也可以。如果購入的是切片的牛心，在用鹽水搓洗後，放在清水浸泡去腥後再烹調。如果是要拿來烤的話，那麼可以把處理好的「牛心」切成片，浸泡在烤肉醬30分鐘以上再烤，應該就會很美味了。

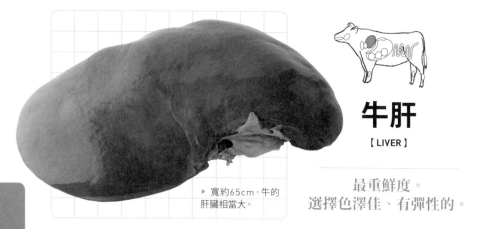

▶ 寬約65cm，牛的肝臟相當大。

牛肝
【 LIVER 】

最重鮮度。
選擇色澤佳、有彈性的。

牛肉

牛肝的營養價值很高。富含蛋白質、維他命A、B2，而且也含有鐵等礦物質。是內臟中體積最大的，重約5～6公斤。新鮮的肝臟呈鮮艷的紅褐色或巧克力色，而且咬起來有彈性。不新鮮的牛肝，外表沒有光澤且毫無彈性。口感軟，有特殊的氣味。

DATA

煮、煎烤

〔主要烹調方式〕
熱炒、油炸、炭烤、肝醬等。

〔烹調重點〕
去掉血水，將薑和大蒜磨成泥，再用酒、醬油等調味後，應該就比較能夠接受了。

TOPICS

◎不可生食

引起「生食肝臟」等食物中毒的細菌「曲狀桿菌」和「腸道出血性大腸桿菌(O157型大腸桿菌等)」，只要少許便會引起食物中毒。就算食材新鮮，還是有可能附著細菌的。所以只要生食，就有可能引起食物中毒。千萬不要因為「新鮮所以可以生吃」而大意，請確實加熱後再食用。

＊肉類盡量不要生食。
＊因為細菌不耐熱，所以最好全部煮熟。
＊烹調完生肉之後，要把砧板、菜刀徹底清洗消毒乾淨。
＊烤肉時，拿取熟食跟生食的筷子要分開來。
＊從肉滲出的血水要馬上擦掉。

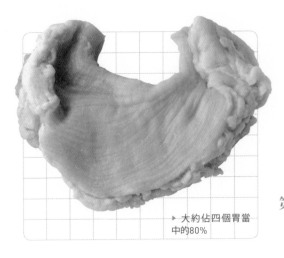

▶ 大約佔四個胃當中的80%

牛瘤胃

【 RUMEN UNSCALDED 】

第一個胃的魅力在於脆度

牛肉

牛四個胃當中的第一個胃。外表看起來像蓑衣。在四個胃當中是最大的，而且肉厚實，相當有咬勁。因為長有濃密的絨毛，所以會有點硬，因此烹調前要先去掉外皮，然後再用刀劃幾刀。在牛瘤胃中，最為厚實的部分又稱為「特級牛瘤胃」。

DATA

煎烤

〔主要烹調方式〕
烤肉等。

〔烹調重點〕
烤過頭的話，口感會變得乾且硬，要特別注意。用醬汁醃漬，讓它能夠入味。

TOPICS

◎烹調「牛瘤胃」的事前準備

如果是購買生的牛瘤胃，第一步要水煮。用鹽巴搓洗乾淨，再跟水與具有香味的蔬菜等一起放進壓力鍋中，煮20~30分鐘。中途換一次水，再用壓力鍋煮10分鐘左右，然後浸泡在水中冷卻。水煮過的牛瘤胃會很硬，所以要用刀尖淺淺劃上幾刀。如果刀口是跟筋呈垂直的話，那麼整個口感就會變軟。拿來烤的話，可切成容易入口的薄片，注意不要烤太久了。

▶ 也有經過漂白而呈白色的,但基本上是黃色的。

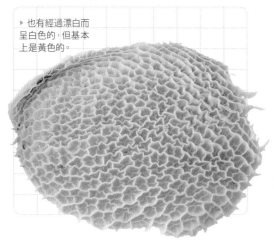

牛肉

蜂巢胃

【 RETICULUM 】

燉煮後還能保留口感的
第二個胃

指的是第二個胃,因胃壁呈蜂巢狀而命名。雖然需要花費相當多的工夫處理,但是所有胃當中,它的味道最好。爽脆,接受度高,且具有獨特的咬勁。不管是做燉煮料理,或是烤內臟等,都十分受到歡迎。

DATA

煮、煎烤

〔主要烹調方式〕
紅燒、煎烤等。

〔烹調重點〕
煮再久,都能保持原有的口感。

TOPICS

◎處理「蜂巢胃」
購買生的蜂巢胃時,必須要先水煮2~3次。烹調成西式料理的話,可加入香草、檸檬及辛香料,中式料理則是跟辛香料一起水煮過,然後再拿來烹調。

TOPICS

◎紅燒牛肚
這是「蜂巢胃」的傳統料理,屬於義大利風味的「紅燒牛肚」。將處理好的「蜂巢胃」切成細絲,跟洋蔥、大蒜一起用橄欖油拌炒。加入白酒、番茄罐頭、高湯塊、月桂葉一起燉煮。最後再以鹽、胡椒調味,撒上巴西里、起司粉就完成了。

▶照片是將重瓣胃切成兩半，胃壁所呈現的狀態。可看到無數的瓣層。

重瓣胃

【OMASUM】

含豐富鐵及鋅的
第三個胃

牛肉

在內壁有很深的皺褶，以及無數的突起物，就像重疊了好幾千層的布塊，所以才命名為重瓣胃，而這是牛的第三個胃。具有獨特的咬勁，脂肪少，含豐富的鐵及鋅。除去灰色的外皮後水煮，只要徹底處理乾淨，就能看到白色且具爽脆口感的食材了。

DATA

煮、煎烤

〔主要烹調方式〕
紅燒、涼拌、熱炒等。

〔烹調重點〕
瓣層之間要仔細洗乾淨，殘留物要以流動水沖洗乾淨。

TOPICS

◎市面有販售熟的食材

可以購買到處理過，且煮熟切成細絲的「重瓣胃」，所以能直接使用，但最好還是再用滾水稍微燙過，放到冰水冷卻後再使用會比較好。

TOPICS

◎「重瓣胃」醃漬味噌醋

將水煮過的「重瓣胃」切成細絲，放冷備用。將味噌、醬油、辣椒粉、醋跟砂糖攪拌均勻做成味噌醋，在食用前，調味醬與食材一起拌勻，也可依照喜好加入蔥末及芝麻。

▸請選擇帶有脂肪的

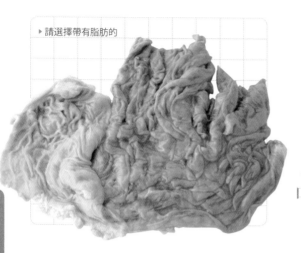

皺胃

【 ABOMASUM 】

口感軟且薄的第四個胃

牛的第四個胃，因背面的顏色比表面黃白色的要紅，所以也稱為「紅皺胃」。表面比其他的胃平滑且薄，口感也比較軟。只要將附著在大皺摺表面的黏液去除乾淨，不但會變得更美味，口感也會比較好。有豐富的脂肪，味道濃郁。

DATA

煮、煎烤

〔主要烹調方式〕
紅燒、烤肉等。

〔烹調重點〕
在背面劃上幾刀，這樣就比較容易煮熟，而且也較易入口。

TOPICS

◎「皺胃」的語源？

關於語源有兩種說法。第一個是它具有「假的胃」的意思，所以與「偽胃(GIBARA)*」的發音混淆。另一個是，皺胃是支付給在美國基地工作的人的報酬，所以跟guarantee(日文為報酬的意思)混淆了。到底哪一種說法才是正確的呢？
* 日文皺胃的發音為GIARA，與偽胃GIBARA的發音類似，故有此解釋。

TOPICS

◎「皺胃」的處理

購買生的皺胃時，要先水煮過2～3次後才能使用。西式料理可跟香草、檸檬及辛香料一起烹調，而中式料理則是先與辛香料煮過一次，然後換水再重新煮過，最後再用鹽水搓洗，把黏液完全洗掉。這樣就能去除掉腥味，並且增添美味。

牛肉

橫膈膜

【DIAPHRAGM】

橫膈膜
是指橫膈膜中心部分的肉

▶ 較厚的部分也可做成牛排

牛肉

最適合用來炭烤的
人氣部位

TOPICS

◎熱量比「牛五花」低？

「橫膈膜」帶著適度的脂肪，口感軟嫩，看起來跟牛五花一樣美味，但它卻是內臟的一部分。所以跟「牛五花」相比，熱量較低，而且比較健康。推薦給在意熱量的人。

DATA

煮、煎烤

〔主要烹調方式〕
烤肉、紅酒燉牛肉、咖哩等。

〔烹調重點〕
把包覆在瘦肉外的皮〔脂〕去掉後，再切塊烹調。

牛肉

指的是附著在腹腔內壁，橫膈膜側邊的肉。關東地區並不會再細分成「橫膈膜」及「肝連肌」，而是統稱為「橫膈膜」。一般來說，「橫膈膜」是指上面的部分，此部位的肉質較好，肉的部分也較厚，並且帶有雪花般的筋。而「肝連肌」是接近橫膈膜的腰椎部位（下方），此處的肉質較軟，並且帶著適度的脂肪所以適合拿來烤。兩個部分都很受歡迎，適合用來做牛排及烤肉。

肝連肌
【HANGING TENDER】
看起來像肉，但卻屬於內臟的一部分。

TOPICS

◎「梨子」跟「牛肉」配不配？

當秋天到了，「梨子」盛產時，請嘗試跟肉類搭配烹調成美味菜餚吧。「梨子」含豐富酵素，能軟化肉類纖維，並且有助於肉類的消化。切成細絲，跟甜萵苣葉一起包著烤肉吃也很美味。

TOPICS

◎烤肉用的「梨子烤肉醬」

值得推薦的「梨子烤肉醬」食譜。將梨子跟大蒜磨成泥，與醬油、酒、砂糖、味酥煮成的醬汁混合，放進冰箱冷卻。作為烤肉沾醬的話，不但爽口而且能夠提出肉類的甜味。

▶牛腸的長度約身體的20倍

牛小腸
【 SMALL INTESTINE 】

口感比其他內臟硬，
而且帶有厚厚的脂肪。

牛肉

比大腸薄且細的「小腸」，形狀很像繩子。口感比其他內臟要硬，脂肪也比較厚。通常會先煮過，然後再切成塊狀，跟大腸當作內臟一起販售。只要把內壁徹底清洗乾淨，然後再慢慢燉煮的話，就會變得很美味。

DATA

煮、煎烤

〔主要烹調方式〕
醬烤、紅燒等。

〔烹調重點〕
處理乾淨後，如果切成圈狀再烹調的話，連脂肪都會很入味的。

TOPICS

◎「小腸」的處理方法

因「小腸」內側附帶有脂肪，所以要仔細去除。然後用鹽巴來搓洗，然後再用熱水燙過，這樣就能去除獨特的腥味。切成3～5cm，先用滾水燙過，再用水清洗一次，跟蔥及薑等具有香味的蔬菜等，一起燉煮1個小時左右，煮到完全變軟。市售的小腸已去除大部分的脂肪，

且已經煮熟了，所以只要稍微用滾水燙過就可以。
小腸能事先煮軟到某個程度後，然後和根菜類一起用醬油或紅味噌調味，就能做出紅燒類的料理。

▶燒烤店的人氣食材,切成小段上桌燒烤。

牛大腸
【 LARGE INTESTINE 】

脂肪濃厚,
但吃起來卻很爽口。

比「小腸」要厚的牛大腸,因為口感較硬,所以在烹調前,必須經過較長時間的燉煮。通常會把煮熟的大腸切成段,跟小腸一起當作內臟販售,所以只要購買已經處理好的,應該會比較方便。可熱炒,或是做成味噌口味燉菜。跟肉類的脂肪不同,大腸的脂肪比較清爽。

DATA

煮、煎烤

〔主要烹調方式〕
熱炒、紅燒、烤肉等。

〔烹調重點〕
在意脂肪的話,可用刀背將脂肪刮除。

〔盒裝〕

燒烤用的話,可切成較長的段,這樣就能保留清脆的口感。

TOPICS

◎「大腸」的其他名稱
因大腸的外表像橫條紋,所以在日本也有「縞腸」的說法。而韓文的大腸叫做「TECHAN」。另外也可稱為「HORMONE」。

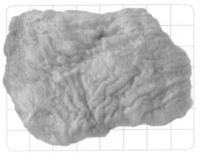

直腸
【RECTUM】

DATA

煮、煎烤

〔主要烹調方式〕
臘腸、紅燒、烤肉等。

〔烹調重點〕
因口感較硬，所以要切成小塊後烹調。適合用來紅燒。

牛肉

所有腸子當中，脂肪最少的。

牛的直腸。因切割開來的形狀像步槍，所以也稱「鐵砲」。脂肪較少為其特色。可作為製造里昂那香腸及肝腸的腸衣。

盲腸
【CECUM】

DATA

煮

〔主要烹調方式〕
紅燒、香腸等。

〔烹調重點〕
處理乾淨後，水煮久一點就會變軟。

可做為香腸的腸衣

牛的盲腸很長，可用來紅燒，而小牛的盲腸則可當作香腸的腸衣。跟「小腸」及「大腸」一樣，口感都偏硬，但只要長時間燉煮，就能品嘗到它獨特的風味及口感。

▶ 在日本市面上可見的，主要是澳洲及加拿大產。

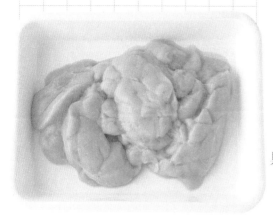

小牛胸腺

【 SWEET BREAD 】

具有融化於口中的多汁口感

牛肉

指在長大後就退化變小，小牛的胸腺肉。胸腺會所以只有小牛才有。根據牛的健康狀態，並非所有小牛都會有此部位，可說是相當珍貴的。軟嫩的口感十分獨特，在法國稱為「RIS DE VEAU」，可用來做炸牛排。

DATA

煮、蒸、煎烤、炸、絞肉、湯

〔主要烹調方式〕

炸牛排、紅燒、油煎等。

〔烹調重點〕

浸泡在水裡1～2小時，去掉血水。放入滾水中燙過，擦乾水分。

TOPICS

◎有關「小牛肉」

所謂的「小牛肉」，通常是指出生後未滿十個月的小牛。跟成牛相比，味道較為清爽，而且肉質也較細緻且軟嫩。肉的顏色偏白，含高蛋白，低脂肪，低熱量等特色，所以給人健康牛肉的印象。在義大利料理中，有許多使用「小牛肉」的菜色，而經常使用的部位有「裡脊肉」、「肩胛肉」、「腿肉」及「帶骨牛腱」等，內臟則常會用到胸腺肉的「小牛胸腺」，肝臟「牛肝」，腎臟的「腰子」等。另外用小牛骨及帶骨腱子肉熬煮的醬汁基底，又稱為「小牛高湯」。是法國料理中的基本高湯。

▶ 因為非常硬，所以烹調前要先做處理。

牛腳筋

【 ACHILLES TENDON 】

跟關東煮等食材一起熬煮，
能品嘗到美味Q彈的口感。

牛肉

後腿膝蓋下方的阿基里斯腱。經過長時間加熱，所含的膠原蛋白會釋放出來，而且會變軟且呈果凍狀，所以適合用來作為燉煮料理及關東煮的食材。在家裡要切「牛筋」可能不容易，所以最好購買已切成適當大小的。花點時間熬煮，就能享受Q彈口感了。

DATA

煮

〔主要烹調方式〕
關東煮、紅燒等。

〔烹調重點〕
作為關東煮的食材時，請先用竹籤串起，再用味道較淡的關東煮湯汁來燉煮。

TOPICS

◎「牛筋」可給小狗當零食？
市面上可看到把「牛筋」加工成肉條，當作狗的零食在販售的。不斷地咀嚼可按摩狗的牙齦。而且咀嚼能幫狗消除煩躁感。

TOPICS

◎「牛筋」要如何煮軟？
建議使用壓力鍋來熬煮。先水煮10分鐘左右，再把牛筋清洗乾淨。把牛筋放進壓力鍋，加入可蓋過食材的水，與蔥及薑一起加壓燉煮1個小時，然後把剩下的水倒乾淨，壓力鍋洗好。牛筋切成適當的大小，再用壓力鍋加壓燉煮20分鐘左右。

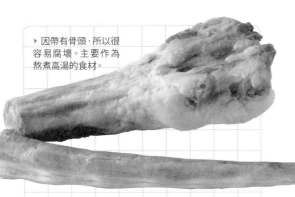

▶因帶有骨頭，所以很容易腐壞。主要作為熬煮高湯的食材。

牛尾

【 TAIL 】

釋放在高湯中的脂肪
相當甘美

牛肉

牛尾含豐富的膠原蛋白。

長60公分以上，底部約10公分粗，由4～5公分的骨頭連接而成，所以可從關節切成段後使用。通常是一個關節一個關節的賣，所以可選擇已經切好的。長時間加熱的話，膠原蛋白會變成果凍狀，口感變軟且相當美味。

DATA

煮

〔主要烹調方式〕
湯、紅燒、紅酒燉牛肉等。

〔烹調重點〕
浸泡在冰水中，去掉血水。

〔盒裝〕

「牛尾」的脂肪比想像中的多，所以把多餘脂肪去除後再烹調。

TOPICS

◎製作「牛尾湯」

開始燉煮前，把已清洗好的牛尾放入滾水中燙過，然後放在水裡，把多餘脂肪洗掉。花4個小時以上的時間燉煮的話，膠質跟甜味就會充分釋出，完成一道美味的湯品(參考105頁)。

烹調重點＊油煎

就因為是最簡單的肉類烹調方式，所以才更要注意。肉的部位及溫度，如何使用烹調用具等。仔細觀察肉的狀態，就能做出美味的料理了。

牛排先回到室溫後再煎

冰冷的肉直接放進加熱的平底鍋，肉會很容易煎焦的。而且就算你想煎出五分熟的肉，但肉裡面有可能還會是生的。牛排肉在烹調前 30 分鐘要從冰箱取出，讓溫度回到室溫會比較好。冷凍肉的話，則放到冰箱的保鮮室一天，讓它能夠解凍，之後還是要放回到室溫才能烹調。

肉要從「正面」開始煎

以沙朗及菲力為例，「正面」就是右側上方帶有脂肪的那一面。雞肉則是帶有雞皮的那一面為「正面」。

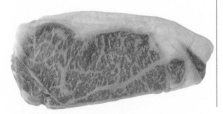

▶牛沙朗的正面

注意平底鍋的熱度

如果是鐵製的平底鍋，請完全加熱後再倒油，然後把肉放進去。最近常見的鐵氟龍平底鍋，要是加熱過頭的話，表面的鐵氟龍可能會脫落，請注意。

網烤、平底鍋、烤箱的差異？

「網烤」的好處，就是肉會因炭烤而散發出焦香味，而且多餘的脂肪會滴落，滴落的脂肪所產生的煙會讓肉更香。如果認為肉的甜度取決於脂肪，而選擇使用「平底鍋」，那麼就要用肉本身的油脂來煎，這樣才會讓美味加倍。使用「烤箱」的好處，就是能讓肉更軟嫩。用大火烤的話，會讓肉的水分流失，肉質也會變硬。但烤箱是利用餘熱烹調的，所以能讓肉鎖住水分及甜度。

豬肉

【PORK】

豬的種類

「三元豬」是什麼樣的豬呢？

全世界豬的品種大概有400～500種。日本的肉用豬，約八成以上都是由約克夏豬種等6個品種當中的3～4個品種交配而成的雜種，因此才有「三元豬」及「四元豬」的說法。

※ 大約克夏種：原產於英國。毛色白，大型，發育較快。瘦肉及脂肪的分布均勻，可用來製作高等級的培根。

※ 中約克夏種：原產於英國。毛色白，體型壯碩，皮下脂肪厚。比大約克夏略小型。

※ 波克夏種：原產於英國。毛色黑，但臉、尾端、四肢前端卻是白色的，也就是「六白」。日本能稱為「黑毛豬」的，就只有此品種的純種。肉質、脂肪都很優。

※ 蘭德瑞斯種：原產於丹麥。毛色白，體型長，耳朵下垂。脂肪少，瘦肉部分較多。

※ 杜洛克種：原產於美國。毛色為紅褐色，折耳為其特色的大型豬。脂肪多，肉質軟嫩。

※ 漢普夏種：英國的漢普夏州出口的豬種，在美國經過改良的品種。毛色黑，但有白斑。

TOPICS

◎「品牌豬」及「SPF豬」的不同？

基本上，為了追求更美味的肉質，豬都是由好幾種豬種交配的，但其中也有各地的生產或出貨團體，以獨特的生產方法來飼養，於是在流通時，會加上自己團體的名字，而這就是所謂的「品牌豬」，或者是「名牌豬」了。而「SPF豬」指的不是豬的品種，而是在飼養過程中，隨時檢驗豬隻的健康狀態，確定豬隻沒有感染豬的五種疾病，並且通過一定的飼育標準。但這跟「無菌豬」並不相同。

等級區分

豬肉也有分「等級」嗎？

豬肉會依照枝肉（去頭去皮去蹄後的部分）的重量，背部脂肪厚度，外觀及肉質（肉的緊實度、花紋、色澤，脂肪的色澤及顏色，脂肪的分布）等條件，區分成不同的等級。豬肉可分成「上等」、「上」、「中」、「一般」、「等級外」五個在市面流通的等級。這些是以社團法人日本食肉格付協會所訂定出的「枝肉與部位肉交易規格」來區分的，而此區分方法也得到了國家的認可。但是在肉店或超市，我們很難看到豬肉有用等級來區分。原因就是豬肉並不像牛肉，肉質會因等級而有很大的差異。所以根本不必考量到等級，因此一般都會把它省略掉。

TOPICS

◎如何選擇美味的豬肉？

豬肉比牛肉更不容易保存，所以請選擇新鮮的。尤其是已切成片狀或薄片的豬肉，容易從斷面切面開始腐壞，要特別注意。

好豬肉的條件，就是瘦肉部分柔軟，且脂肪分布均勻。纖維細緻，而且具有良好的彈性。鮮度佳的豬肉會帶淺灰的粉紅色，而且有光澤，這應該就是上等肉了。一旦失去鮮度，灰色就會加深，腐壞程度要是更嚴重的話，就會出現藍色。購買盒裝豬肉時，要選擇沒有肉汁流出的。購買的肉品，最多只能放在冰箱保存三天。

豬肉的部位

A 豬頸肉⋯p56

B 上肩胛肉⋯p57

C 肩胛肉〔梅花肉〕⋯p58

D 腰裡脊肉⋯p59

E 裡脊肉⋯p60

F 上後腿肉
G 後腿股肉 ┐腿肉⋯p62
　　　　　┘

H 外側後腿肉⋯p63

I 胸腹肉⋯p64

J 肋排⋯p65

豬肉

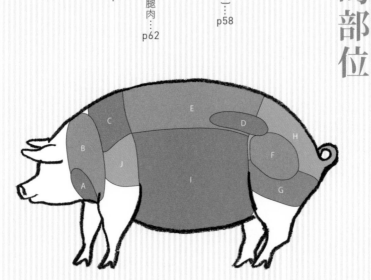

營養

含豐富能消除疲勞的維他命B1

豬肉所含的維他命B1，大概是牛肉及雞肉的5～10倍，尤其是腰裡脊肉和腿肉的含量更是豐富。除了喜歡吃甜食的人，其他像是在飲酒及劇烈運動之後食用豬肉，將有助於維他命B1的補充。豬肉的脂肪含不飽和脂肪酸的油酸，以及能降低膽固醇的硬脂酸甘油，對身體十分有益處。

54

烹調。。

較厚的肉片要如何處理？

根據菜色的不同，選擇不同厚度的豬肉。如果是帶有厚度的豬肉，那麼在烹調前，要先從冰箱取出，讓它回溫到室溫。肉的溫度太低的話，中間部分就不容易熟，不但讓加熱時間拉長，也會影響到肉的風味。

需要把筋切斷嗎？

要是不把肉跟脂肪層之間的筋切斷就烹煮，不但不易煮熟，煮好的形狀也會不好看。特別是裡脊肉等，在烹調前先用刀尖，大概間隔 2～3 公分就切一刀，把筋切斷後再烹煮。使用廚房剪刀會比較容易操作。

如何使肉質加熱後不變硬？

腿肉和腰裡脊肉等脂肪較少的肉，加熱很容易讓肉質變硬。所以在烹調前，先用拍肉器或木棒把纖維拍鬆，這樣也能讓肉的厚度比較平均。

該如何冷藏、冷凍保存呢？

放在冷藏庫保存的話，最多只能擺放 3 天。絞肉的腐壞速度較快，所以大概 1～2 天就要用完。如果是放在冷凍庫保存，大概可擺 1 個月。解凍時，可拿到冷藏庫慢慢解凍，沒有時間的話，可直接從冰箱拿出來解凍。

豬肉

食品成分表

豬·大型種
可食用部分 100 公克

	B 上肩胛肉 帶脂肪、生	C 肩胛肉 帶脂肪、生	D 腰裡脊肉 瘦肉、生	E 裡脊肉 帶脂肪、生	F 腿肉 帶脂肪、生	H 外側後腿肉 帶脂肪、生	I 胸腹肉 帶脂肪、生
熱量 (kcal)	216	253	115	263	183	235	386
蛋白質 (g)	18.5	17.1	22.8	19.3	20.5	18.8	14.2
脂肪 (g)	14.6	19.2	1.9	19.2	10.2	16.5	34.6
鈣質 (mg)	4	4	4	4	4	4	3
鐵 (mg)	0.5	0.6	1.1	0.3	0.7	0.5	0.6
維他命 B1(mg)	0.66	0.63	0.98	0.69	0.90	0.79	0.54
維他命 B2(mg)	0.23	0.23	0.27	0.15	0.21	0.18	0.13
膽固醇 (mg)	65	69	64	61	67	69	70

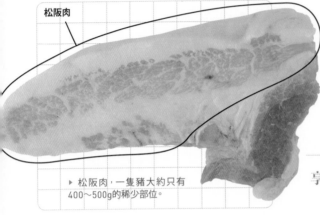

松阪肉

▶ 松阪肉，一隻豬大約只有 400～500g 的稀少部位。

豬頸肉
【 SHOULDER CLOD 】

享受脂肪融於口中的 樂趣

靠近肩膀部分的頸肉，其中一部分又有「松阪肉」美稱。瘦肉及脂肪沒有明顯的分層，豐富的脂肪讓肉質呈粉紅色，在享受入口即化的口感中，又能品嘗到肉的咬勁，味道非常的爽口。在法國和義大利，通常會做為製作肉醬或香腸的材料。

DATA

煮、煎烤、絞肉

〔主要烹調方式〕
烤肉、香腸、肉丸、紅燒、絞肉等。

〔烹調重點〕
烤過頭的話，脂肪會緊縮，肉質就會變硬。

TOPICS

◎烤肉店的人氣「松阪肉」

如鮪魚肚般，所含的脂肪相當多，入口即化的口感相當吸引人。但因脂肪較多，熱量相對也就比較高。用平底鍋烹煮時，可用廚房紙巾把多餘的脂肪擦掉。

TOPICS

◎烤豬肉的醬料「蔥泥醬」

把蔥切成細段(1根蔥白的量)，大蒜磨成泥(1片)，跟鹽(1小匙)、白芝麻(1大匙)、麻油(1/2杯)一起放入鍋中，以小火炒1分鐘左右，稍微冷卻後，再依自己的喜好加入陳皮(乾的橘子皮)，或是檸檬汁。

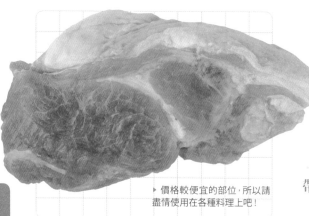

▸ 價格較便宜的部位，所以請
盡情使用在各種料理上吧！

上肩胛肉
【 PICNIC 】

帶筋且口感稍硬的瘦肉

豬肉

大為是經常運動的部位，所以纖維較粗，肉質較硬。經常運動的肌肉中，因為含有血清肌紅素、血紅素等色素蛋白質，所以肉色較深。肌肉之間含脂肪，長時間熬煮的話，味道會變得很醇厚。不管是用來烹煮紅酒燉豬肉、叉燒肉等，或鹽漬肉及絞肉等加工食品都可以。

TOPICS

◎肉汁含豐富膠原蛋白

肉塊經過了長時間的小火慢煮（80℃），或是用壓力鍋熬煮之後，都能讓膠原蛋白膠化而變軟。適合用來烹煮紅酒燉豬肉、咖哩等，也可直接用在熬煮的湯汁裡料理。

DATA

煮、煎烤、絞肉

〔主要烹調方式〕
紅酒燉豬肉、白豆燜豬肉、絞肉、叉燒肉等。

〔烹調重點〕
用來快炒時，盡可能切薄一點，紅燒時，請切成小塊。

〔肉塊

塊肉可做成叉燒。用棉繩將肉繞圈綁起，並且調整形狀，讓肉的大小可以平均，這樣肉會比較容易煮熟。

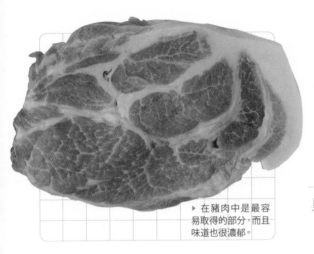

▶ 在豬肉中是最容易取得的部分，而且味道也很濃郁。

肩胛肉
【 BOSTONBUTT 】

具有豬肉相當少見的
脂肪交雜部分。

豬肉

脂肪如粗網般的分布在瘦肉之間，纖維較粗，肉質略硬。含豐富蛋白質、維他命B1、B2，味道醇厚，散發出豬肉才有的脂肪香味。不管是塊肉、小塊狀或切成薄片都很適合用來烹煮。越接近頸部，肉質會越緊實，所以不適合厚切烹調。請做成絞肉，或是以燉煮方式烹調。

◎「肉片」跟「碎邊肉片」的不同？

兩種都是指小肉片。一般來說，「肉片」是單一部位的碎肉片，而「碎邊肉」是指腿肉或五花肉等，集合了多種部位的碎肉片。

DATA

煮、蒸、煎烤、炸、絞肉

〔主要烹調方式〕
咖哩、叉燒、薑汁豬肉、糖醋肉、絞肉等。

〔烹調重點〕
把瘦肉跟脂肪中間的筋去掉後拿來烹煮。使用整塊肉的話，要把裡面也徹底煮熟。

〔肉塊〕

是指肩膀的裡脊肉，從肩膀到前腿上半部的肉。可看到的是，裡脊肉的斷面切面。

豬肉

▶一條豬中的2%
稀少部分。脂肪少,適合
注重健康的人。

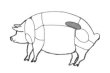

腰裡脊肉
【TENDER LOIN】

纖維最為細緻,
肉質軟嫩。

裡脊肉的下面部分,沿著背骨內側,左右各一條,只能取非常少量的細長瘦肉條。可說是豬肉當中,最為上等的部位,「腰裡脊肉」的脂肪少,且含有豐富的維他命B1,而且熱量又很低。因為味道清淡,所以適合拿來烹調炸豬排或豬排等,需要用油來調理的菜色。

DATA

煎烤、炸

〔主要烹調方式〕
炸豬排、豬排、油煎等。

〔烹調重點〕
加熱過度的話,肉會變乾柴,要
特別注意。

〔肉塊〕

TOPICS

◎「腰裡脊肉」的營養

豬裡脊肉的纖維細緻,口感柔軟,所以容易被身體吸收。而且含豐富的維他命B群,礦物質等,尤其維他命B1是豬胸腹肉的兩倍,是牛肉的十倍。另外也富含鐵、磷、鉀等。

豬腰裡脊肉長約34cm。把
多餘脂肪去除後,就是一塊
棒狀的腰裡脊肉了。

裡脊肉
【 LOIN 】

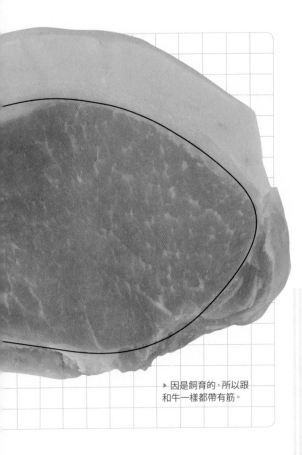

▶ 因是飼育的,所以跟和牛一樣都帶有筋。

DATA

蒸、煎烤、炸

〔主要烹調方式〕
炸豬排、壽喜燒、烤豬排肉、叉燒、油煎等。

〔烹調重點〕
因脂肪很美味,所以最好能保留部分的脂肪。

〔肉塊〕

就跟牛肋眼肉一樣,上面都覆蓋了一層「筋膜」。

拿牛肉來比較的話,這裡應該是肋眼肉+前腰脊肉。屬於肩胛肉後面至腰部的肉。長約60cm。

佔全部的豬肉的不到15%,重量約有10公斤。「裡脊肉」豐厚的脂肪具有獨特的香味,瘦肉的且帶有一層豐厚的脂肪,纖維細緻,而且有著適度的脂肪。「裡脊芯」的面積較大,但有光澤,為灰紅

60

邊緣的脂肪
不但很美味
且具有特殊香氣

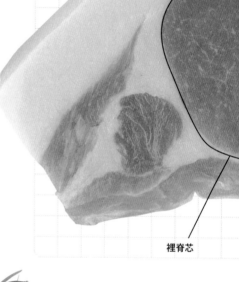

裡脊芯

豬肉

TOPICS

◎「裡脊肉」的筋要切斷

充分運用外緣的脂肪層。如直接加熱的話，瘦肉跟脂肪之間的筋會縮起，肉會捲曲起來，形狀就會變得不漂亮，所以烹調前要用廚房剪刀把筋剪斷，大概是每間隔3cm剪一刀，然後再開始烹調。

TOPICS

◎「韭菜」跟
「豬肉」搭不搭？

兩種都是能消除疲勞及預防感冒的食材。韭菜具有能散發強烈香氣的「硫磺化合物」，而它同時也具有提高維他命B1吸收的功效。韭菜所含的維他命屬於脂溶性，容易被身體吸收，所以適用來熱炒。

色，而上面均勻覆蓋著相當厚度的脂肪者為上品。塊肉、厚片、薄片等，適合各種不同的烹調方式，也能用來烹煮日、西、中式的豬肉料理。可切成厚片來做炸豬排。因脂肪相當美味，所以可保留部分的脂肪。

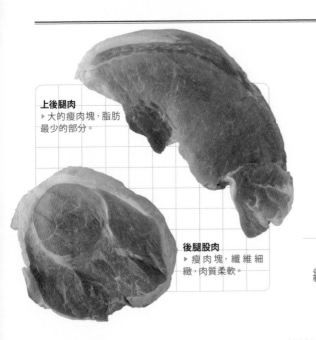

上後腿肉
▶ 大的瘦肉塊,脂肪最少的部分。

後腿股肉
▶ 瘦肉塊,纖維細緻,肉質柔軟。

腿肉
【 HAM 】

脂肪少,
纖維細緻的部位。

帶筋的瘦肉,指的是包括靠近腳跟的「上後腿肉」,以及在上後腿肉下方的「後腿股肉」兩個部分,統稱為「腿肉」。肉色淡,由數條肌肉聚集而成,所以肉質會有所差異。但就整體來說,脂肪含量低,纖維細緻,肉質軟嫩。在豬肉當中,是較受歡迎的部位。

TOPICS

◎「腿肉」最好能整塊烹調
　豬腿肉是脂肪較少的部位,蛋白質含量高,維他命B1含量是僅次於腰裡脊肉。整塊去烤,或是做成叉燒肉等,適合能直接品嘗豬肉甜味的料理。

DATA

煮、煎烤、絞肉

〔主要烹調方式〕
烤豬肉排、豬排、叉燒、無骨火腿、帕瑪生火腿等。

〔烹調重點〕
要注意火侯,否則肉質很容易變柴。

〔加工品〕

豬腿肉是相當常見的無骨火腿的材料。

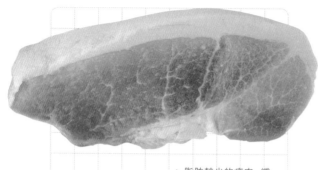

外側後腿肉
【 HAM 】

顏色較深的部分
適合用來燉煮

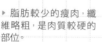

▶ 脂肪較少的瘦肉，纖維略粗，是肉質較硬的部位。

豬肉

腰位到腿部，靠近臀部的部位，也就是牛肉的「臀肉」和「臀骨肉」兩個部位。因為是經常運動的部位，所以肉質較硬且肉色較深，纖維粗，通常會做成絞肉或切成薄片後再烹調，而筋較多的部分，也可用來紅燒。

DATA

煮、蒸、煎烤、炸、絞肉、湯

〔主要烹調方式〕

油煎、網烤、烤豬肉、叉燒、無骨火腿等。

〔烹調重點〕

因肉質較硬，所以可切成薄片或小塊後再烹煮。

TOPICS

◎作為絞肉的材料

雖然是肉質較硬的部位，但因為脂肪分布均勻，所以也是能嘗到豬肉美味的部位。通常會拿來做絞肉。在中式餐廳，會用來烹煮湯品或有美味湯汁的小籠包。

TOPICS

◎烹調出健康的肉片雜菜湯

風味佳，口感卻比「腿肉」要硬，因此「外側後腿肉」適合切成薄片，加入根莖類蔬菜、菇類、豬肉，以及大量能夠提味的蔥，烹煮成「肉片雜菜湯」。要是在肉片雜菜湯加進豆漿的話，湯頭會變得很濃醇，並且能夠減少味噌的使用量，具有減鹽的效果。

胸腹肉

【BELLY】

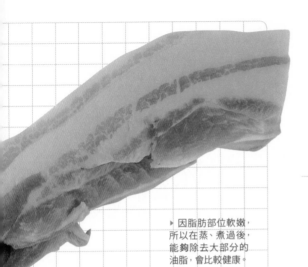

▸因脂肪部位軟嫩，所以在蒸、煮過後，能夠除去大部分的油脂，會比較健康。

要求瘦肉和脂肪層分布均勻

與裡脊肉連接的肋骨肉，瘦肉與脂肪交叉分布，通常會有三層。因脂肪的香氣十足，所以能嘗到濃郁的豬肉甜味。好的「胸腹肉」要層次分明，瘦肉呈淡粉紅色，脂肪則是接近純白色，肉質散發出光澤。「培根」及「豬油」

DATA

煮、煎烤、絞肉

〔主要烹調方式〕
叉燒肉、紅燒肉、醃肉、培根、肉泥抹醬、香腸、東坡肉等。

〔烹調重點〕
叉燒肉、紅燒肉、醃肉、培根、肉泥抹醬、香腸、東坡肉等。

〔肉塊〕

位於豬身體的中間部位，在腹側肋骨周圍的肉。照片的肉塊長約60cm。

肋排
【 SPARE RIB 】

帶骨的胸腹肉，沖繩的方言稱它為
「SOKI」，可作為湯品及沖繩麵的
材料。在中式料理中，有沾上麵衣油
炸的肋排料理，也就是「排骨」。

是用此部位做出的加工品。
「肋排」是帶骨的胸腹肉。可
使用在BBQ及烤肉，能充分享
受大口吃肉的樂趣。

TOPICS

◎紅燒肉

〔材料〕

豬五花肉…500g

A（醬油…2大匙、砂糖…30g、清酒…1/2杯、高湯…適量）

〔作法〕

❶豬五花肉以壓力鍋水煮30分鐘，然後把水倒掉。❷再把
肉放進壓力鍋，加入可蓋過豬五花肉的高湯及A，加熱30
分鐘。等完全冷卻後，就完成了。

豬肉

烹調重點＊熱炒

最常見的家庭料理應該就是肉片炒蔬菜了吧！
依照食材的切法及烹煮的步驟的不同，
做出來的口感有可能會清脆爽口，
但也可能會太過軟爛。
要做出美味的菜餚，最重要的就是「正確的步驟」。

要均勻受熱就要注意食材的切法。

把肉及蔬菜切成容易受熱的大小是很重要
的。想把肉切成細絲的話，最好是在半解
凍（半冷凍）狀態下進行，這樣才會比較
好切。但是肉經過加熱後會縮小，所以要
是切得太細，就會失去食材的風味。為了
避免在快炒時，腿肉及肩胛肉等比較軟的
部位縮小，最好能夠順紋來切。而筋較多
的部位，就必須要逆紋切。

筋

▶在肩胛肉的斷面切面可看到較
粗的筋。切的時候，最好跟此斷
面切面平行，而且要切成薄片。

先醃漬入味

能在短段時間內快速拌炒食材，應該就能
預防水分蒸發，保留住食材的美味。因此，
事前的準備工夫很重要。切成容易受熱的
大小後，還要先調味。快炒肉片時，外面

很容易包覆一層油，所以不易入味，因此
先用鹽及胡椒、醬油等調味料醃一下。

熱炒的油最好選擇沙拉油

油可分成用來烹調快炒、油炸等料理，以
及增添菜餚香氣兩種。基本上，比較耐熱
的有橄欖油及沙拉油。因為麻油不耐高溫，
所以最好是在最後完成時再加入。

美味的祕訣是照著「正確順序」快炒

①將中式炒菜鍋或平底鍋熱好鍋之後，從
鍋邊把油淋進去，讓鍋子能均勻沾到油。
※ 但如果是鐵氟龍鍋的話，就要注意加熱
的溫度不要太高，油也可少放一些。
②蔬菜要從芯等較硬的部分，或是比較大
塊的食材開始炒。開大火，把蔬菜放入鍋
中快炒，食材稍微變軟後，先取出備用。
③等鍋子的溫度下降後，放入薑或大蒜等辛
香料，炒出香氣後，開大火，放入肉拌炒。
④肉稍微變色後，把蔬菜放入，最後淋上
綜合調味料，將所有食材拌炒均勻。

油的溫度

把筷子的水分擦乾，插入油鍋的中央。油溫達 170 ～ 180℃ 時，在筷子周圍會開始冒泡泡。溫度較低的話，只會在鍋底出現一些小泡。要是溫度比較高的話，可能會發生油爆情形，要特別小心。

食材要少部分地慢慢放

不要一次把所有食材都放進鍋裡炒，而是少量的慢慢放入。一起放進去時，油溫會瞬間下降，要特別注意。但是在炸雞塊時，要把所有食材一次放入油鍋中，當油溫下降後，再慢慢地讓油溫上升，這樣就能把所有食材都炸熟，且能炸出金黃酥脆的雞塊。此時，放入油鍋中的食材不要馬上用筷子去翻攪，而要等麵衣固定後再翻動，等雞肉所含的水分蒸發後，就可以起鍋了。

厚肉片的準備工夫

像是炸豬排等，要把厚肉片炸熟的料理，最好在烹調前，先用拍肉器或刀背將肉拍鬆，讓肉質變軟。這樣不但容易把肉炸熟，而且也不會變硬。另外，要把瘦肉跟脂肪之間的筋先剪斷。炸雞排時，可先用叉子戳刺雞皮的表面。然後用刀在雞肉的部分劃幾刀。

油量

油炸食物的鍋子，最好選擇鍋身厚，而且鍋口及鍋底都很寬，至少能放入7～8cm高的油的鍋子。油量大概是鍋子2/3的高度。太少的話，就很容易炸焦，油的品質也比較容易變質。但是也有只用2cm高的油來「煎炸」的烹調方式。

COLUMN

烹調重點＊**油炸**

有不少人討厭油炸食物吧？
但只要做好事前的準備，
並且掌控好油量及油溫，
那麼就能做出酥脆爽口的炸物了。

P　O　N　M　L　K　J　I　H　G　F　E　D　C　B　A

豬腳…p83　豬子宮…p82　直腸　大腸　小腸　豬網油…p79　橫膈膜…p79　豬腰…p78　豬胃…p77　豬肝…p76　豬肺…p75　豬心…p74　喉軟骨…p73　豬頭肉…p72　豬舌…p71　豬耳朵…p70

豬腸…p80

豬內臟

豬肉

I 豬腰 生	L 小腸 水煮	M 大腸 水煮	O 豬子宮 生	P 豬腳 水煮
114	171	179	70	230
14.1	14.0	11.7	14.6	20.1
5.8	11.9	13.8	0.9	16.8
7	21	15	7	12
3.7	1.4	1.6	1.9	1.4
0.33	0.01	0.03	0.06	0.05
1.75	0.03	0.07	0.14	0.12
370	240	210	170	110

烹調

事前準備?

豬內臟要放進冰水中去除血水，中途要換幾次水，並且仔細搓洗，擦乾水分後就可烹調。如果不是用冰水，而是用一般自來水沖洗時，因溫度較高，可能會變不新鮮，並且散發出臭味。豬胃及豬腳要先川燙過，這樣就能去掉腥味了。

如何保存?

烹調豬內臟首重新鮮。請跟熟悉的肉販購買吧。選擇色澤漂亮的內臟。購買回來後，請放進冰箱低溫保存，並且當天就要使用完。

營養

富含膠原蛋白等蛋白質

幾乎所有的豬內臟都能食用。跟牛肉相比，豬內臟的體積較小，容易處理，味道也比較清淡，口感柔軟。含豐富維他命及礦物質。耳朵及豬腳等部位的豬皮，因含有豐富膠原蛋白，所以具有肌膚保濕，以及改善關節疼痛等的效果。

豬肉

食品成分表

豬・內臟	B	E	G	H
可食用部分 100 公克	豬舌 生	豬心 生	豬肝 生	豬胃 水煮
熱量 (kcal)	221	135	128	121
蛋白質 (g)	15.9	16.2	20.4	17.4
脂肪 (g)	16.3	7.0	3.4	5.1
鈣質 (mg)	8	5	5	9
鐵 (mg)	2.3	3.5	13.0	1.5
維他命 B1(mg)	0.37	0.38	0.34	0.10
維他命 B2(mg)	0.43	0.95	3.60	0.23
膽固醇 (mg)	110	110	250	250

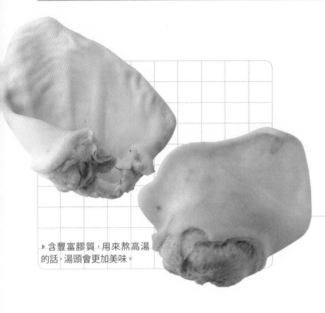

▶ 含豐富膠質，用來熬高湯的話，湯頭會更加美味。

豬耳朵
【EAR】

含豐富的膠質，
口感爽脆。

一個豬耳朵大約有200~300克，幾乎沒有肉，只有皮跟軟骨。因含許多膠質，所以可用來熬炒或油炸。市面上可以買到水煮過，並且除好毛的豬耳朵，或者是已經切成薄片的。在沖繩，豬耳朵會用醋來涼拌。是能享受到爽脆口感的食材。

DATA

煮、蒸、煎烤、炸

〔主要烹調方式〕
涼拌豬耳朵、醬燒等。

〔烹調重點〕
跟蔥及薑等辛香蔬菜一起水煮，就能去除腥臭味。

TOPICS

◎處理「豬耳朵」

市售的盒裝豬耳朵，應該都已經處理乾淨了，但如果還是在意腥味的話，可在烹調前，先用滾水川燙一下，再用水搓洗。只要把多餘脂肪去除掉，腥臭味也會消失，這樣接受度就比較高了。

TOPICS

◎豬耳朵涼拌小黃瓜

〔材料〕
豬耳朵(處理過的)…40g、小黃瓜…2條、蘿蔔嬰…1/2盒、A(麻油…2大匙、豆瓣醬…1小匙、醋…1小匙、鹽…少許)
〔作法〕
❶將用鹽搓揉過的小黃瓜用刀背輕拍，然後再切成細絲。❷把①及切成薄片的豬耳朵、A拌勻後裝盤，最後撒上蘿蔔嬰點綴。

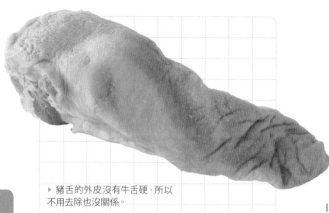

▸ 豬舌的外皮沒有牛舌硬，所以不用去除也沒關係。

豬舌
【 TONGUE 】

脂肪少，
味道比牛舌清爽。

豬肉

雖然比牛舌小，但豬舌的長度還是有15公分。脂肪少，吃起來很爽口。舌根的脂肪較多，所以比較軟嫩。跟豬的其他部位相比，含較多的維他命A、B2、鐵、牛磺酸。

只要在烹調前處理乾淨，去掉腥臭味之後，切成薄片就能用奶油煎，或是網烤，而且也適合裹粉油炸。

DATA

煮、煎烤、炸

〔主要烹調方式〕
用奶油煎，網烤、裹粉油炸、燉煮等。

〔烹調重點〕
川燙時，可加入薑及蔥等辛香蔬菜一起煮2～3小時。

TOPICS

◎「豬舌」的處理

如果是購買整塊豬舌的話，要先把多餘的油脂除去，用滾水川燙，不喜歡豬舌外皮的人，可趁熱把表皮剝掉，然後切3~4cm。如果是買已經切片的豬舌，那麼就不用川燙，只要撒點鹽、胡椒就可以直接烹煮。

TOPICS

◎「味噌豬舌」小菜

把處理乾淨的「豬舌」再慢火燉煮一次，去掉多餘的脂肪。然後直接以混合了味醂、酒的味噌包起來，加上一層保鮮膜，放在冰箱2~3天。吃的時候，只要把外層的味噌洗掉，瀝乾水分，切成薄片就能品嘗了。

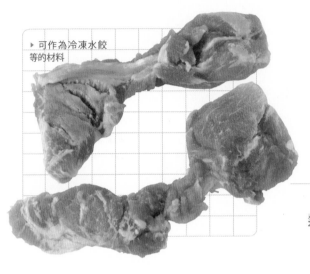

▶ 可作為冷凍水餃等的材料

豬頭肉
【 CHEEK AND HEAD 】

脂肪少，
熱量低的瘦肉。

豬肉

所謂的「豬頭肉」泛指豬頭部分的肉。根據部位有不同的名稱，像是「太陽穴肉」或「臉頰肉」等，但統稱為「豬頭肉」。整體來說脂肪較少，但「臉頰肉」的脂肪較多，肉質硬，非常有咬勁。含鈣質，以及膠原蛋白等膠質的瘦肉，吃起來相當爽口。

DATA

煮、煎烤、炸、湯

〔主要烹調方式〕
烤肉、串燒、紅燒、快炒、油炸、鍋物、湯品等。

〔烹調重點〕
因肉質較硬，最好切成薄片後再煮。

TOPICS

◎「豬頭肉」的法式肉凍
〔材料〕
豬頭肉…800g
A(去皮檸檬…1 顆、香味蔬菜 (巴西里或西洋芹等)…適量、辛香料 (胡椒、芫荽、丁香、月桂葉等)…少許)
B(乾燥香草 (迷迭香、百里香、馬郁蘭等)…適量、黑胡椒…少許、鹽…2 小匙、檸檬皮末…1 顆的份量)
〔作法〕
❶把豬頭肉的血水沖洗乾淨後，放進鍋中水煮 2~3 次，然後把水分瀝乾。❷在鍋裡放進①跟 A，把豬頭肉煮到軟爛。❸趁熱把②的豬頭肉撕碎，加入 B 後拌勻。❹用布包起，放上重物後，再放到冰箱冰一天，把水分跟油瀝乾。❺把④切成適當的大小，可以用來油炸，或是放在奶油醬汁中溫熱，又或者放在蕃茄醬汁中煮也可以。

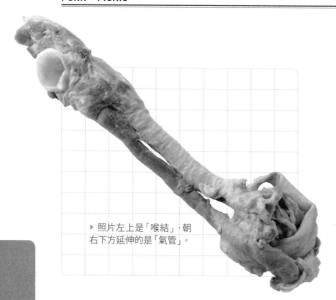

▶ 照片左上是「喉結」，朝右下方延伸的是「氣管」。

豬肉

喉軟骨
【 THROAT CARTILAGE 】

烤肉店的人氣料理，
有著脆脆的口感。

一隻豬只能取得極少量的稀有部位，必須特別預約才可能買得到。是非常小的軟骨，不但能享受彈脆的口感，也能品嘗到美味，所以在烤肉店非常受到歡迎。切成環狀的「喉結」又稱為「甜甜圈」，用刀背輕拍後，再稍微烤一下就可以了。含豐富的鈣質。

「喉結」到「氣管」之間的

DATA

煎烤、炸、絞肉

〔主要烹調方式〕
肉丸、冷盤菜、義大利麵醬、烤肉等。

〔烹調重點〕
烹調前先用鹽、胡椒、醬汁等調味。

TOPICS

◎「喉軟骨」的處理

市面上販售的喉軟骨，大多是已經處理好的。還是不放心的話，可自己再把髒的地方及脂肪、血塊等清除乾淨。因「氣管」部分是硬的，所以可用刀頸在氣管的裡外敲出刀痕，然後再切成2mm厚。「喉結」也切成2mm厚。如果要燒烤的話，可烤到有點焦脆，或是也可以稍微烤一下就好，這樣可以品嘗到兩種不同的口感及風味。

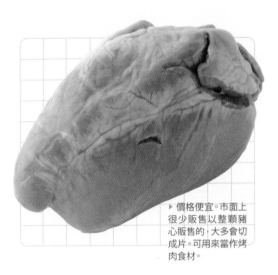

▶價格便宜。市面上很少販售以整顆豬心販售的，大多會切成片。可用來當作烤肉食材。

豬心
【HEART】

具獨特風味及口感，腥臭味較少的內臟。

豬心大概是牛心的1/3大小，一顆重約300克。纖維細緻且密實，具有特殊的口感。因脂肪少，所以有點硬且帶些許的咬勁，味道要比牛心清淡。含豐富維他命B1、B2、鐵、牛磺酸。適合網烤或鐵板燒。具有消除疲勞的功效。

DATA

煮、蒸、煎烤、炸、絞肉、湯

〔主要烹調方式〕

網烤、鐵板燒，醬油或味噌口味的燉煮等。

〔烹調重點〕

徹底洗掉血水後再煮。加熱過頭的話，口感會變乾柴，要注意。

〔盒裝〕

購買已切成片的盒裝豬心時，要先用鹽水搓洗乾淨，再浸泡在冷水中，然後才能烹調。

TOPICS

◎「豬心」的處理

「豬心」有空心的部分，這裡可能會藏有血水，所以縱切之後，把血塊及筋等挑拿乾淨。用鹽水搓洗，就能把血跟腥味去除掉。然後再跟具有香味的蔬菜一起水煮2個小時。

猪
肉

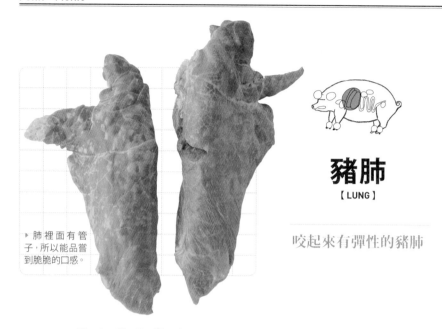

▶ 肺裡面有管子，所以能品嘗到脆脆的口感。

豬肺
【 LUNG 】

咬起來有彈性的豬肺

豬的肺有如海綿般的蓬鬆，而且大小要比大人的拳頭再稍微大一些。只要能做好事先處理的話，就不會有腥臭味，但因微血管是縱橫交錯分布的，所以要多花點時間在去除血水上。也可以當作香腸的材料。

DATA

煮、煎烤、炸

〔主要烹調方式〕
紅燒、火烤、串烤豬肺、天婦羅等。

〔烹調重點〕
切成薄片，而且要完全煮熟。

TOPICS

◎「豬肺」的處理

「豬肺」切成小塊，放在冰水浸泡一天，去除血水。因為有腥臭味，所以去除血水後，要用流動的水仔細清洗。「豬肺」裡雖然有管子，但不用去除，可以留下來。這樣就能享受不同的口感了。

TOPICS

◎花點心思就能做出獨創的烤肉醬

在市售的烤肉醬裡，只要加進常見的調味料，就能做出更美味的醬料了。像是白味噌、柴魚片、辣椒粉、麻油、砂糖或檸檬汁等，可依自己的喜好做出獨創的烤肉醬。

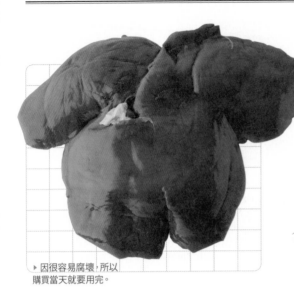

▶ 因很容易腐壞，所以購買當天就要用完。

豬肝
【LIVER】

含豐富的維他命A及鐵

差不多兩個手掌的大小，平均約1～1.5公斤重。

營養價值高，含維他命B1、B2、D、菸鹼酸、鐵等，在豬肉、豬內臟中，含維他命A最多的部位。味道比牛肝重，所以烹調前要確實處理乾淨，使用大蒜或薑就能減輕腥味。

DATA

煮、蒸、煎烤、炸

〔主要烹調方式〕

油炸、快炒、豬肝醬、法式肉凍、油煎等。

〔烹調重點〕

為減輕豬肝的腥味，烹調成日式或中式料理時，可放入大蒜、薑、醬油、酒去腥，如果是西式料理的話，可使用牛奶或具有香味的蔬菜來去腥。

TOPICS

◎「豬肝」的處理

購買整塊豬肝時，可在去除掉血管及血塊後，用流動的水來清洗，然後放在3%的鹽水裡，去除掉血水。只要換水2～3次，應該就能去掉腥臭味了。

TOPICS

◎「豬肝」的美容功效

豬肝含豐富的動物性的維他命A──「A醇」，而它指的就是動物性的維他命A，具有保護皮膚及黏膜，並能、提升傳染病的抵抗力，以及消除眼睛疲勞等功能。另外也能防止肌膚和頭髮乾燥，是相當不錯的美容食材。

76

豬肉

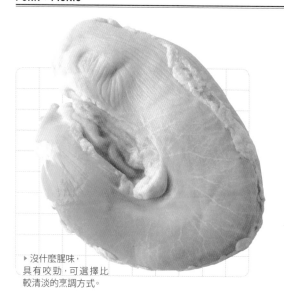

▶ 沒什麼腥味，
具有咬勁，可選擇比
較清淡的烹調方式。

豬肚
【 PORK STOMACH 】

內臟料理中，
不可或缺的食材。

豬的胃，也就是「豬肚」沒什麼腥味，就算不喜歡吃內臟的人也很容易接受。牛有四個胃，但豬只有一個，平均重約500公克，帶著漂亮的灰色，肌層越厚表示品質越好。肉質有點硬，但因有彈性所以很好咬，味道相當的清淡。適合用來紅燒或烤肉。

DATA

煮、煎烤

〔主要烹調方式〕
烤肉、醋醃、燉煮料理等。

〔烹調重點〕
烤過頭的話，豬肚會變硬，要注意。

TOPICS

◎韓風「豬肚」沙拉
麻油、醬油、砂糖、辣椒粉放在大碗內混合均勻，把處理好且已經煮軟的「豬肚」切成容易入口的大小，然後將小黃瓜切成細絲，水煮過的豆芽菜用鹽拌過，把水分擠乾，然後將所有食材充分拌勻。裝盤後，再擺上細蔥段裝飾就可以了。

TOPICS

◎「豬肚」的處理
因呈袋狀，所以邊用流動的水清洗，邊把油脂去掉。生的豬肚要撒上鹽巴搓揉，然後再跟具有香味的蔬菜一起水煮。要把浮在表面的泡沫撈除，然後水煮後再一次用流動的水沖洗，這樣就能把油脂清得更乾淨。

▶ 含豐富維他命及鐵

豬腰
【KIDNEY】

能品嘗到彈Q的口感。

大人稱豬的腎臟為「豆」。形狀像蠶豆，所以日本人稱豬的腎臟為「蠶豆」。脂肪少，熱量相當的低。比起切成片的，市面上較常看到的是整顆豬腰，但只要做好處理，就能去除腥臭味。口感彈Q又軟，適合快炒、紅燒、涼拌等料理。

DATA

煮、煎烤

〔主要烹調方式〕

快炒、紅燒、涼拌等。

〔烹調重點〕

把裡面的白筋和脂肪拿乾淨，只使用紅色部分。

TOPICS

◎「豬腰」的處理

把表面的薄皮去除，縱切成半，把裡面的白筋(尿管)和血塊剔除取乾淨。尿管沒有挑拿乾淨的話，就會有尿騷味，所以要完全拿挑乾淨。按照烹調方式來切豬腰，浸泡在冰水裡去除血水，冰水要換2~3次。再跟具有香味的蔬菜一起川燙。

TOPICS

◎中華風的「快炒豬腰」

把已經處理過的豬腰切成容易入口的大小，跟西洋芹和薑一起用油快炒。加入鹽、胡椒、雞粉調味，最後再淋上香油提香。加進辣椒能增添風味。

豬肉

肝連肉
【 OUTSIDE SKIRT 】

DATA

煎烤、絞肉

〔主要烹調方式〕
絞肉、香腸、烤肉等。

〔烹調重點〕
加熱過頭口感會變硬，要注意。

看起來像瘦肉，但實際上卻是內臟，所以熱量低。

是指豬的橫膈膜，因為尺寸沒有牛的大，所以不再做細分。一隻豬大概可取 200 ～ 400 公克。主要用來做絞肉，但不光是「牛的橫膈膜」在烤肉店受到歡迎，豬的橫膈膜也是一樣。

豬網油
【 CREPINETTE 】

DATA

煎烤、炸

〔主要烹調方式〕
在製作法式凍和油炸之前，用來包食材，具有輔助油脂的作用。

〔烹調重點〕
要向肉店訂購。大多已經用鹽醃漬過了，所以要把鹽洗掉後再使用。

包入其他食材後，再煎烤或油炸。

在大腸跟小腸之間，包覆內臟的白色網狀脂肪。在法國料理及中式料理中，包了食材後再油煎或油炸。在燒烤脂肪較少的肉類時，可防止食材變乾柴，而且能增添油脂的風味。

豬腸
【MOTSU】

一般來說，會把「小腸」和「大腸」一起當作「內臟」來販售。兩者的脂肪都很多，但只要川燙就能去掉脂肪，所以處理並不難。「大腸」也可做為製作香腸時的腸衣。而味道最好的「直腸」，跟大腸、小腸、盲腸、豬肚等，統稱為「白內臟」。因具有特殊的腥臭味，所以要處理乾淨，這樣就能品嘗到其他部位所沒有的脂肪美味，以及獨特的咬勁。不同的地區，內臟

大腸
【LARGE INTESTINE】
▶淡灰褐色，布滿了細小皺褶。比小腸更有咬勁。

小腸
【MOTSU】
▶脂肪多。就算已經清洗乾淨了，還是需要再川燙去腥。也有乾燥製品。

烤內臟和燉物
不可或缺的食材

豬肉

TOPICS

◎「腸子」的處理

仔細去掉腸子的脂肪，切成小塊後再用鹽巴搓洗，然後用流動的水來清洗乾淨。加入辣椒、酒一起水煮約5分鐘，然後再次用流動的水來沖洗，加入具有香味的蔬菜一起水煮約1個小時，煮到腸子變軟。通常以盒裝販售的，都是已去除掉脂肪等雜物，並且水煮過的，但建議烹調前還是再煮過一次比較好。烹調後，可加細蔥段或七味粉等辛香料點綴，可以去除腥臭味，會比較容易入口。

的烹調方式也不一樣，所以可說是，鄉土料理中的 B 級美食。

直腸
【RECTUM】
▸大腸中最好吃的部位。越厚的品質越好，也比較美味。

DATA

煮、煎烤

〔主要烹調方式〕

烤內臟、紅燒、串燒等。

〔烹調重點〕

脂肪帶有獨特的腥臭味，所以要完全去除。

▶ 因腐壞的速度快，所以購買當天就要先加熱處理。

豬子宮
【 UTERUS 】

有彈性且散發出香味，比豬腸更美味且更受到歡迎。

指的是豬的子宮。市面上的，通常都是年輕母豬的，柔軟且味道清淡。淡粉紅色且散發出光澤，形狀維持越完整的，越是新鮮，而且品質較好。含豐富蛋白質，脂肪很少。跟青椒、香菇、蔥段等蔬菜一起網烤，或是做成涼拌。一般也會拿來當作烤肉的食材，非常有咬勁。

DATA

煮、煎烤

〔主要烹調方式〕

網烤、紅燒、涼拌等。

〔烹調重點〕

用流動的水清洗乾淨，水煮後再烹調。

〔盒裝〕

在烤肉店會經常看到切塊的豬子宮。蜷曲成圈狀就表示烤熟了。口感彈Q，咬時會流出甘甜的肉汁。

TOPICS

◎「豬子宮」的醋拌涼菜

把已經處理過的「豬子宮」用料理酒煮10分鐘左右。放在篩網上，用流動的水清洗，把脂肪去掉。切成容易入口的大小，跟鹽、薑絲、壽司醋一起拌勻。擠上香柚等柑橘類果汁後品嘗，美味更上一層樓。

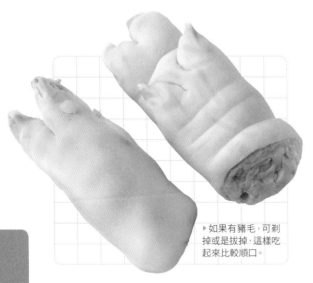

▶如果有豬毛，可剃掉或是拔掉，這樣吃起來比較順口。

豬腳
【 FEET 】

豬腳含豐富的膠原蛋白，
對肌膚相當好。

豬肉

「豬」腳含豐富的膠原蛋白及彈性蛋白等膠質。經長時間的燉煮，能夠品嘗到軟Q的口感。骨頭和爪子之外，還能品嘗到皮、肉、筋和軟骨。在沖繩的鄉土料理中，「清燉豬腳」相當的有名。豬腳也可當作熬煮拉麵湯頭的材料，能讓高湯變得濃郁有層次。在肉店販售的，都是已經水煮過的。

DATA

煮、湯

〔主要烹調方式〕
水煮、湯品、涼拌等。

〔烹調重點〕
通常販售的是已經煮過的，所以只要用熱水燙過就能烹煮了。

TOPICS

◎沖繩料理「足テビチ」

〔材料〕
豬腳…2隻、昆布…1片、薑…2～3片、水…適量、酒…適量、柴魚高湯…適量、醬油…1/2大匙、鹽…

〔作法〕
❶把豬腳放進壓力鍋，加進

可蓋過豬腳的水及酒、薑，加熱30分鐘。
❷把壓力鍋的火關掉後，將鍋中剩下的水倒掉，放進可蓋過豬腳的柴魚高湯、昆布，再加熱30分鐘。
❸煮好後，再把醬油、鹽、

酒加進去，調一下味道，不用加蓋，用小火煮20~30分鐘左右。

調理重點*煮

會不會覺得在肉類料理中，
以「紅燒」方式烹調的食譜還滿多的？。
能夠保留肉的鮮甜，又能去除腥臭味，
並且能充分入味的紅燒料理受到相當的歡迎。
請一定要試試看！

稍微煎過後再紅燒

因為肉的鮮美容易流入湯汁中，所以在烹調紅燒料理前，先把肉的表面煎上色，讓蛋白質凝固，這樣就能避免肉汁的流失。切成塊狀時，用肉本身的油脂，炒到肉上色就可以了，切成薄片時，則在熱鍋後放些許的油，把肉放入，炒到肉稍微變色就可以了。

仔細的把肉沫撈除

加水後，用大火煮滾，要是表面浮出肉沫的話，關小火，再用湯瓢仔細的把肉沫撈掉。要是肉沫殘留在食材上的話，紅燒出來的味道會變雜，料理看起來也會不漂亮，所以要注意。

使用厚鍋子

要烹調需長時間燉煮的料理時，最好使用較厚的鍋子。尤其是厚且有深度的湯鍋，這樣才會受熱均勻，而且食材也不會直接碰觸到鍋底，很適合用來長時間把肉燉爛的烹飪方式。鍋蓋能緊密蓋上的加熱效果會比較好。壓力鍋適合烹調較硬的肉，或是把肉在正式烹調之前先燉軟。加了調味料之後，要在開始燉煮時，可以不用壓力鍋的功能，看是打開壓力鍋鍋蓋或是用其他鍋蓋來替代。

試湯汁的味道

調味的時候，不要一次把所有份量的調味料都加進去，分成烹調流程的前半段，以及湯汁煮得剩下不多的後半段來調味。尤其是添加鹹味的調味料（鹽、醬油），以及甜的調味料（砂糖、味醂），最好能夠先做成綜合調味料，然後再慢慢的調味。調味料會越煮越入味，而且也要考慮到肉本身所流出甘甜味，因此在調味時要特別注意。試湯汁的味道，想像煮好後的味道非常重要。

使用蒸籠的好處？

如果想以「蒸煮」的方式烹調，那麼有許多像是蒸籠、蒸煮鍋、塔吉鍋，矽膠製的蒸煮調理盒等器具可以選擇。使用「蒸煮」的方式烹調，不但能去除肉類多餘的油脂，而且因為不用油，所以熱量低，烹調好的菜餚也很軟爛，任何人都能輕鬆品嘗。只要把食材處理好，剩下的就交給蒸煮器具就好了，使用方法簡單，受到相當的歡迎。

烹調前的調味

使用帶皮五花肉製作中式料理的「粉蒸肉」時，必須先用甜麵醬及砂糖來醃漬，然後再沾裹上蒸肉粉來蒸煮。或是處理把小羊的腰內肉時，要先切成薄片，再跟西洋芹、大蒜、巴西里等香味蔬菜及香草、辛香料等拌勻，放在蒸煮器裡蒸熟即可。另外像製作「棒棒雞」時，雞裡脊肉跟雞胸肉就不需要先調味醃漬，而是直接放進蒸煮器具蒸熟，然後再拌上醬汁一起品嘗。

跟蔬菜一起蒸煮

快速又簡單的，就屬「什錦蒸籠」了。使用豬五花或裡脊肉的薄片，沾上芝麻或桔醋等醬汁品嘗。不但很簡單，也能把當季蔬菜一起放進蒸煮，能夠攝取到均衡的營養，而且因為五顏六色的蔬菜，讓視覺也十分滿足。

適合蒸煮的肉類有哪一些？

基本來說，任何肉都適合用來蒸煮，但牛筋肉等需要長時間燉煮，肉質較硬的部位就不太合適。雞胸肉及雞裡脊肉等，味道比較清淡的肉，經過蒸煮會變得濕潤，而豬五花等油脂較多的肉，則能去除掉一些油脂，吃起來相當清爽又健康。

COLUMN

烹調重點＊蒸

近來受到相當歡迎的蒸煮料理，
是一種不用油的健康烹飪法。
根據肉的部位及料理，
決定是否需要先調味醃漬。
如果跟蔬菜一起蒸煮的話，
那麼就算只有一道菜也十分的滿足。

吃肉會變胖是真的嗎?

不要有「因為肉有非常多的脂肪,
害怕會變胖所以不敢吃」先入為主的想法,
只要好好利用肉類所含的蛋白質,就能提高基礎代謝率了。

肉是減肥的大敵?

肉類的主要成分是動物性蛋白質和脂肪。而構成脂肪的脂肪酸則能區分成,含於肉及牛奶等的「飽和脂肪酸」,以及富含於魚及植物油的「不飽和脂肪酸」兩種。攝取過多的「飽和脂肪酸」,會很容易在體內形成膽固醇,相反的,「不飽和脂肪酸」能降低中性脂肪,具有讓血液不會變黏稠的功效,以及降低壞膽固醇的作用。因此,肉類才會給人一種對健康有害的印象。

慎選肉的部位,並且在烹調方式多下點工夫,可以助你減重成功。

慎選肉的部位,並且在烹調方式多下點工夫,可以助你減重成功。

肉類含有人體不可或缺的營養成分。譬如牛肉,含有維持體力及改善貧血的鐵,另外也有豐富的肉鹼,它能幫助身體消耗掉體脂肪。要是考慮到熱量,那麼可以選擇低卡、低脂肪,含高蛋白質的雞裡脊肉。同樣的,豬的腰裡脊肉熱量、脂肪也很低,而且也是高蛋白質,另外也含有豐富的,能消除疲勞及促進酒精代謝的維他命 B1。

從飲食所獲得的能量,會在日常生活、運動、睡眠等所有活動消耗掉。基礎代謝率是由基礎代謝、身體活動,以及「飲食誘導性熱代謝(DIT)」構成的。根據報告,比起攝取含豐富脂肪及碳水化合物的食物,多攝取含大量蛋白質的食物更能提高「飲食誘導性熱代謝」。

吃東西並不單純只是想從食物攝取某種特定的營養成分。在營養均衡的飲食中,選擇脂肪較少的肉類,巧妙的攝取蛋白質及必須的營養成分。另外,也可花點工夫去除掉油脂,或是利用「蒸煮」及「網烤」等烹調方式,讓食物更美味,而且又能控制體重、改善體質,這是非常重要的。

雞肉

第 3 章

【 CHICKEN 】

雞的種類

「童子雞」是哪一種類的雞？

「童子雞」並不是雞的種類。是以肉用為目的而經過品種改良的雜種雞，飼養時間約8個星期，大概長大到2.6公斤的「幼雞」。肉質軟嫩為其特徵。

主要是白色可尼秀種的公雞與白蘆花雞的母雞交配而成的。品種改良技術的進步，雞種的體質變強壯且容易飼養，短時間就能成長，所以雞肉成為便宜且含豐富動物性蛋白質的食材。

在「童子雞」普及之前，主要是把已經無法生蛋的蛋用雞作為食用雞。雞肉在生產200天之後，肉質會慢慢變硬。過去的食用雞，主要是以產卵壽命結束的母雞為主，所以一些年長者認為，雞肉還是要有咬勁比較美味。

雞肉

部位。。

雞肉

L	K	J	I	H	G	F	E	D	C	B	A
雞皮	雞骨架	雞卵巢	雞軟骨	雞心	雞肝	雞胗	翅腿	二節翅	裡脊肉	雞胸	腿肉
…p104	…p104	…p103	…p102			…p99	…p98	…p97	…p96	…p95	…p94

內臟……p100

89

I	L
雞軟骨 生	雞皮 胸、生
54	497
12.5	9.5
0.4	48.6
47	3
0.3	0.3
0.03	0.02
0.03	0.05
29	110

營養

低熱量，高蛋白的食用肉。

比起牛肉和豬肉，雞肉是低熱量、高蛋白質的食材。四成以上的熱量在雞皮，所以只要把皮去掉後再烹調，就能讓熱量變更低。雞皮和雞肝含豐富的維他命A。

TOPICS

◎雞肉所含蛋白質的功效為何？

在雞肉的蛋白質中，含必須胺基酸的蛋胺酸，蛋胺酸主要是將肝臟的毒素及老舊廢物排出，並且促進代謝，讓血液中的膽固醇得到控制。蛋胺酸能預防動脈硬化，減輕壓力，讓肝臟不會因攝取過量酒精及脂肪而受到傷害。對於文明病的預防也很有幫助。蛋白質是構成肌肉、毛髮、指甲等的主要成分，同時也是維持代謝活動不可或缺的營養成分。低熱量、高蛋白的雞肉，特別推薦給想提高新陳代謝來減重的人，或是想維持肌肉量的年長者等。

TOPICS

◎雞肉生吃也沒關係嗎？

生雞肉、生牛肝、生肉醬等，直接生吃肉的品嘗方法，因為並不是百分之百的安全，所以最好還是避免。全國因為生吃肉，發生了多起曲狀桿菌導致的食物中毒事件（O157等）。就算食材新鮮，但要是不小心吃進附著了細菌的生肉，還是很有可能引起食物中毒。雖然食用肉的處理過程非常的衛生，但並不能保證完全沒有問題。尤其是雞肉，因為沒有生食用的衛生標準，所以根據商家的衛生管理標準的不同，危險程度也有差異。但這些細菌怕高溫，所以只要確實加熱就能預防食物中毒的發生。在家裡烹調時，請一定要把手洗乾淨後再烹調，取用處理食材後，也要把手洗乾淨。

食品成分表

幼雞
可食用部分100公克

	A 腿肉 帶皮、生	B 雞胸 帶皮、生	C 裡脊肉 生	D・E 雞翅 帶皮、生	F 雞胗 生	G 雞肝 生	H 雞心 生
熱量 (kcal)	200	191	105	211	94	111	207
蛋白質 (g)	16.2	19.5	23.0	17.5	18.3	18.9	14.5
脂肪 (g)	14.0	11.6	0.8	14.6	1.8	3.1	15.5
鈣質 (mg)	5	4	3	10	7	5	5
鐵 (mg)	0.4	0.3	0.2	0.5	2.5	9.0	5.1
維他命 B1(mg)	0.07	0.07	0.09	0.04	0.06	0.38	0.22
維他命 B2(mg)	0.18	0.09	0.11	0.11	0.26	1.80	1.10
膽固醇 (mg)	98	79	67	120	200	370	160

雞肉

烹調

。 。 。

事前準備？

用菜刀把皮跟肉之間的多餘脂肪（黃色油脂）刮除。肉跟肉之間的脂肪塊如果用廚房剪刀來剪除的話，應該會比較好處理。位於腿肉等範圍較大的白色筋，則可間隔2～3公分畫上一刀，把筋給切斷。

煎的時候要注意什麼？

用平底鍋來煎的話，可把皮朝下，用中火慢慢把雞皮的油脂逼出。從皮開始煎的話，能把多餘的脂肪逼出，讓雞皮酥脆，雞肉軟嫩多汁。

能夠保存嗎？

雞肉容易腐壞，所以購買後，最晚隔天也要全部食用完。要保存的話，就要趁新鮮的時候先水煮，然後用鹽及橄欖油醃漬入味，然後再依照每次食用的份量來裝袋保存。冷凍保存約1個月，雞裡脊肉則一條一條的用保鮮膜包好，然後再放進密閉容器或保鮮袋保存。

91

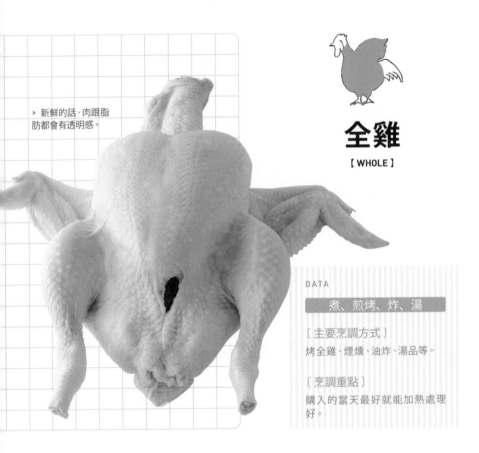

▶ 新鮮的話,肉跟脂肪都會有透明感。

全雞

【 WHOLE 】

雞肉

DATA

煮、煎烤、炸、湯

〔主要烹調方式〕
烤全雞、煙燻、油炸、湯品等。

〔烹調重點〕
購入的當天最好就能加熱處理好。

TOPICS

◎「雞骨架」不要浪費了

把殘留在骨頭上的肉去除,不要浪費的好好利用吧。將剩下的骨架先冷凍起來,之後可以用來熬湯。參照106頁的做法,加入具香味的蔬菜和辛香料,製作冷凍高湯塊。

肉厚不厚實是決定
品質的關鍵

雞肉

用來做「烤全雞」或是韓國藥膳料理中的「蔘雞湯」，一定要使用全雞。一般販售的，都已經把內臟等取出來了。因為帶有雞骨，所以肉質不會緊縮，也不會變乾柴，吃完後，把剩下的雞骨架慢慢熬煮，就能做出鮮甜的雞湯。

最好能選擇雞肉厚實有彈性，而且看不到雞胸中央龍骨的。中型的全雞大概要有 1.2 公斤重。

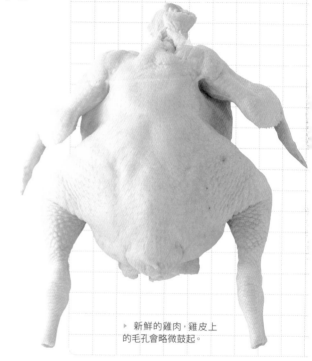

▸ 新鮮的雞肉，雞皮上的毛孔會略微鼓起。

○烤全雞

【材料】

全雞…1 隻、天然鹽、胡椒、棉線

【事前準備】

❶把腹腔的油脂去除乾淨。❷把雞的表面、裡面清洗乾淨。❸手抓鹽巴，仔細搓揉整隻雞。腹部裡面的鹽巴要多搓揉一些。❹把雞翅往雞背部翻，調整形狀。要小心別把關節折斷了。❺用棉線把兩腳往屁股方向綁起來。讓雞腳不要張開。❻整隻雞撒上胡椒，放在室溫 1~2 個小時。

【做法】

❶把【事前準備】的①取下的油脂放在鍋中，開火加熱，製作塗抹在雞表面的雞油。❷烤箱預熱 200℃，把①的油塗抹在整隻雞上。❸放進烤箱，強火烤約 1 個小時，烤的過程中，如果雞的表面乾掉的話，就塗抹雞油。❹把雞取出，屁股朝下斜放，如果流出透明或黑色透明的液體，就表示烤好了，要是流出鮮紅色液體，就再放回烤箱烤。

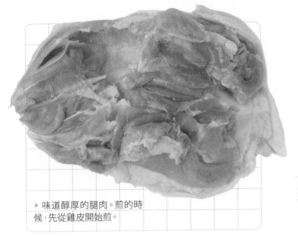

▶味道醇厚的腿肉。煎的時候，先從雞皮開始煎。

腿肉
【LEG】

選擇肉厚且有彈性的
新鮮腿肉

雞肉

雞腿部位的肉，跟其他部位相比，因為帶有筋所以肉質較硬，但味道卻很醇厚。肉色較紅，味道較強烈。含豐富蛋白質、脂肪，而含鐵量則是雞肉當中最多的，帶骨的腿肉可用來烹煮咖哩、奶油濃湯、紅燒等，味道會非常鮮甜濃厚。選擇肉厚，肉跟脂肪都有透明感的比較新鮮。

煮、蒸、煎烤、炸、絞肉

〔主要烹調方式〕
照燒雞腿排、烤雞腿、炸雞腿排、炸雞塊等。

〔烹調重點〕
因為靠近骨頭的部位帶有甜味，所以油炸或燉煮時，最好使用帶骨的。

TOPICS

◎所謂的「棒棒腿」是？
炸雞常見帶骨腿肉的下半段，一般稱為「棒棒腿」。上半段稱「上腿肉」，兩個部分統稱為腿肉。

上腿肉

棒棒腿

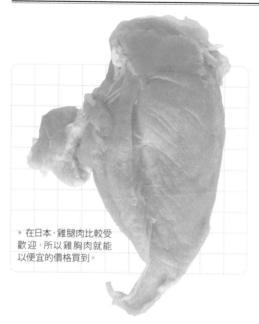

▶ 在日本，雞腿肉比較受歡迎，所以雞胸肉就能以便宜的價格買到。

雞肉

雞胸

【BREAST】

含豐富蛋白質，
但脂肪含量卻很少的白肉。

DATA

蒸、煎烤、炸、絞肉

〔主要烹調方式〕

炸雞塊、油炸、蒸雞肉、炭烤、熱炒等。

〔烹調重點〕

因脂肪較少，所以不適合燉煮。

去掉雞翅後，剩下的雞胸部分，因脂肪少所以熱量也低，但是含豐富的蛋白質。肉質軟嫩，味道清淡，因此適合大量使用油脂的料理。雞胸肉若不新鮮，肉本身就會流出湯汁，所以要特別注重新鮮度。選擇肉厚實，帶有透明感的雞胸肉。

TOPICS

◎「日本柏雞」是什麼？

雞的羽毛顏色跟柏葉很類似，所以在西日本，雞肉又稱為「日本柏雞」。其他稱鹿肉為「紅葉」，豬肉為「牡丹」，馬肉為「櫻花」，這是在食用肉尚未被接受的時代，對肉類所取的俗稱。

TOPICS

◎醃漬入味

「雞胸肉」在烹調前，最好能用鹽、胡椒等醃15分鐘左右。如果是採取油煎，可加入橄欖油，如果是蒸煮的話，則可加少許的酒。把材料放進塑膠袋，輕輕的抓入味。

裡脊肉
【TENDER】

日本人最愛，
雞肉中的「裡脊肉」。

▶ 熱量低，含高蛋白，所以適合想減重的人。

因為形狀像矮小竹子的葉子，所以又稱雞柳，屬於雞的深胸肌，所以也稱「第二胸肌」。就是沿著胸肉內側的兩塊胸肌，左右各有一條比較軟嫩的部位。相當於牛肉和豬肉的「裡脊肉」，脂肪少，所含蛋白質又是雞肉當中最為豐富的。有透明感，且帶著淡粉紅色的比較新鮮。

DATA

煮、煎烤、炸

〔主要烹調方式〕
酒蒸、沙拉、涼拌等。

〔烹調重點〕
以油炸方式烹調，可以讓肉增添油的香味。烹調前，把筋和薄膜去除。

TOPICS

◎冷凍保存方式？

雞的裡脊肉很容易腐壞，所以如果沒用完，請盡早把筋去掉，再一條條的用保鮮膜包起，放進保鮮袋冷凍保存。或者是先燙熟，等冷卻後再冷凍，這樣就會比較方便烹調。解凍建議以自然解凍的方式。

TOPICS

◎去除「裡脊肉」的筋

白且寬的裡脊肉筋，就算再怎麼加熱都還是很硬，所以在烹調前要先去除。把有筋的那一面朝下，用手抓住筋的一端，用刀背壓住肉，慢慢的把筋拉出來。市面上也有賣已經去掉筋的。

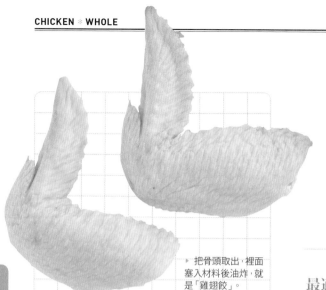

> 把骨頭取出，裡面塞入材料後油炸，就是「雞翅餃」。

二節翅
【 WING TIP 】

別有風味，
最適合製作雞肉鍋。

雞肉

雞的翅膀又可分成「翅腿」及「二節翅」兩個部分，如果去掉二節翅前端（手指部分），又可稱為「中雞翅」。二節翅的肉不多但肉質軟，含豐富的膠質和脂肪，味道十分的濃厚。料理時如果要紅燒或炸物，或者是雞肉火鍋，最好還是帶骨一起烹煮。

DATA

煮、蒸、煎烤、炸、湯

〔主要烹調方式〕
湯、咖哩、紅燒、油炸等。

〔烹調重點〕
因帶有骨頭所以容易腐壞，要盡快使用。

TOPICS

① ② ③ ④

◎用「二節翅」製作「鬱金香」

用二節翅製作帶細骨的炸雞塊，形狀很像「鬱金香」。
【做法】
❶把二節翅前端切下，只剩下中雞翅的部分。

❷沿著中雞翅較粗的骨頭，用廚房剪刀把骨頭跟腱剪分開。
❸把剪開的部分(骨側)朝上，把雞肉往下慢慢推。
❹把拇指伸進分開的雞肉

內側，將肉跟皮整個翻出即可。
❺中雞翅放入油鍋中油炸，但是①切掉的前端也別丟掉，可用來熬煮高湯。

翅腿

【 WING STICK 】

肉質扎實的帶骨部位

▸ 因接近雞胸，所以脂肪少，肉質軟嫩。

雞肉

翅腿又稱為「小棒腿」。在雞翅當中，是最靠近雞胸的部位，所以肉很厚實且很有咬勁。因脂肪較少，所以比二節翅爽口，味道較淡，但是肉質卻很軟。骨頭能熬出美味的湯汁，因此適合製作燉煮料理或湯品。

DATA

煮、煎烤、炸、湯

〔主要烹調方式〕
快炒、油炸、紅燒等。

〔烹調重點〕
煮過頭的話，肉會散開來，所以要注意。

TOPICS

◎醬醋「二節翅」

【材料】
二節翅…8根、水煮蛋…2顆、白蘿蔔…1/4 條、薑…1 片、大蒜…1 瓣、油…少許
A(醋 …1/2 杯、醬 油 …1/2 杯、水…50cc、砂糖…3 大匙)

【做法】
❶蛋煮好後，把蛋殼剝掉，白蘿蔔切成2cm厚的半月形，然後水煮。
❷薑連皮切成薄片，大蒜用刀背拍碎。
❸鍋裡放油加熱，把二節翅煎上色，然後把A及①的水煮蛋、白蘿蔔放入一起煮。
❹煮滾後，放上鍋內蓋，小火燉煮30分鐘就完成了。

▶ 肌肉部分白，周圍帶點藍色
的雞胗比較新鮮。

雞胗

【GIZZARD】

脆脆的口感，
讓人一口接一口。

雞
肉

屬於胃的肌肉部分，有「砂囊」的別稱，是很受歡迎的部位。因雞的消化器官並不發達，所以此處會囤積砂子，幫助消化吃下去的食物。但因為肌肉發達，吃起來才會脆脆的。雖然是內臟卻完全沒有臭味，含高蛋白質，熱量低。

DATA

煮、煎烤

〔主要烹調方式〕

放了很多薑的燉煮，炸雞胗、快炒等。

〔烹調重點〕

因口感硬，所以最好切成薄片使用。

TOPICS

◎胃不舒服的時候，可吃「雞胗」。

當身體感到不舒服時，只要攝取牛、豬或雞等，相對應的內臟就能**夠獲得改善**，這就是所謂的「以形補形」。藥膳中，雞胗可舒緩因消化不良而引起的腸胃不適。

TOPICS

◎把藍白色部分去除

市售的雞胗大多已把筋給去掉了，但因為藍白色的肌肉部分還是很硬，所以最好還是用刀把它清理乾淨。烹調的時候，連白色皮的部分也要去除，然後把紅色肌肉對切成半。

內臟
【GIBLETS】

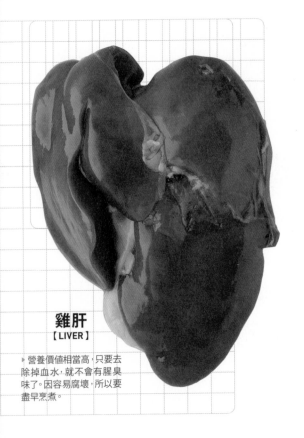

雞肝
【LIVER】

▸ 營養價值相當高，只要去
除掉血水，就不會有腥臭
味了。因容易腐壞，所以要
盡早烹煮。

TOPICS

◎「雞肝」的處理

用流動的水洗乾淨，不喜歡腥臭味
的人，可把雞肝浸泡在冷水裡30分
鐘，或是浸泡在牛奶裡30分鐘，這
樣就能去掉血水。可跟大蒜、蔥、
薑、韭菜等具有香味的蔬菜一起
煮，應該能壓過雞肝的味道。

DATA

煮、煎烤

〔主要烹調方式〕
燒烤、紅燒、油炸、快炒、雞肝
醬等。

〔烹調重點〕
仔細去掉脂肪，綠色部分也要
去掉。

雞肝的味道不會太強烈，容易入口。

雞肝跟雞心通常都會一起販售。雞肝很軟，雞心則有特殊的咬勁。兩者的味道都不強烈，接受度應該比較高，而且含有豐富的維他命及鐵。尤其是雞肝，維他命A含量高是僅次於豬肝，所以能改善肌膚乾燥，而且對容易感冒、免疫力太差的人也很好。

雞肉

雞心
【HEART】

▸ 雞的心臟。通常會連同雞肝一起販售。心臟上面帶有黃色脂肪、血管和筋等。

◎何謂「白雞肝」？

就是在烤雞肉店很常見，稱為「脂肪肝」的雞肝。也叫做「雞的foie gras」，100隻雞當中，大概只有10隻能夠取得，是非常稀有的部位。口感比一般的雞肝細緻且味道濃郁，入口即化的口感，讓它受到許多人的喜愛。

◎「雞心」的處理

「雞心」的脂肪還滿多的，特別是三角形的底部有黃色脂肪，所以要用菜刀去除乾淨。縱切成一半，用刀尖把裡面的血塊取出，放進冷水裡浸泡。調理前，請把水分瀝乾。

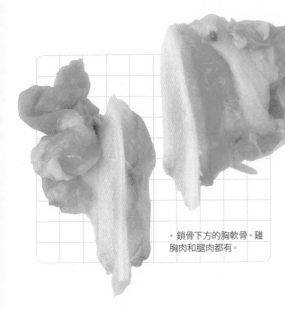

▶ 鎖骨下方的胸軟骨。雞胸肉和腿肉都有。

雞軟骨

【CARTILAGE】

能享受口感的下酒菜

鳥類的特徵，就是在胸骨前端有軟骨。口感較骨頭軟，咬起來脆脆的。是雞肉中熱量最低的。軟骨除了胸骨的「胸軟骨」外，還有位於腿關節的小腿軟骨，以及膝關節的「膝軟骨」，可以做成炸軟骨或是串烤。

DATA

煮、蒸、煎烤、炸、絞肉、湯

〔主要烹調方式〕
炸軟骨、烤軟骨，加了軟骨的漢堡，烤雞肉丸子等。

〔烹調重點〕
加熱過度會變硬，而且會變黃。

TOPICS

◎照燒「軟骨」漢堡

【材料】
軟骨…100g、雞胸肉…1 片(200g)
A(薑…1/4 片、蔥…1/2 根、蛋…1/2 顆、太白粉…少許、醬油…1 小匙、胡椒…少許、油…適量)
B(醬油…3 大匙、味醂、酒 1 大匙、砂糖…1 小匙)

【做法】
❶軟骨、雞胸肉放進食物處理機絞成肉醬。
❷把①跟 A 放進大碗裡，用力攪拌，做出漢堡形狀。
❸在平底鍋放油，放入②的漢堡肉，煎上色後，蓋上鍋蓋，以小火燜熟。
❹漢堡肉煎好之後，先放到盤子上備用，把 B 放進平底鍋煮滾。
❺把漢堡放回平底鍋，讓漢堡完全沾上照燒醬就完成了。

▶ 只有生完蛋的母雞（蛋雞）才有，所以非常珍貴。

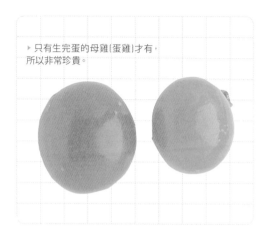

雞卵巢
【GIBLETS】

煮成鹹甜的紅燒口味

山梨縣的招牌料理「紅燒雞內臟」會看到的黃色圓球，這就是「雞卵巢」，是雞體內尚未完全長成的蛋，也就是蛋雞的卵巢。在雞的體內，蛋就像珠子一樣，剛開始沒有殼也沒有蛋白，就只有蛋黃而已。味道比蛋黃更清爽，加熱後，口感會變鬆軟。

DATA

煮、煎烤

〔主要烹調方式〕
紅燒、串烤等。

〔烹調重點〕
為了不要讓蛋黃破掉，所以要先煮過，然後再用竹籤串起。加熱過度會變硬，要注意。

TOPICS

◎紅燒雞內臟

【材料】
雞肝和雞心…300g、雞卵巢…100g、薑…1/4片
A（醬油…4大匙、砂糖…4大匙、酒…2大匙、味醂…2大匙、水…1杯）
【做法】
❶把雞肝、雞心、雞卵巢跟薑，一起放進冷水中，然後再開火水煮。沸騰後，煮2～3分鐘，關火，用流動的水沖洗。
❷把①切成容易入口的大小。雞卵巢不用切。
❸把A放進鍋裡，開火，然後再把②放入。

❹要注意別讓鍋底燒焦了，要用木匙不斷地翻動，等醬汁收乾，食材呈現光澤就完成了。

雞肉

雞骨架
【 CHICKEN BONES 】

可熬煮出很營養的雞高湯

雞骨架是指從脖子到雞腰的部分。高湯不但鮮美濃郁，而且也含有豐富的維他命群和膠原蛋白等，是製作拉麵高湯的主要食材。日、西、中式的各種料理也常使用。建議最好能事先把高湯熬煮好（參考106頁）。

DATA

湯

〔主要烹調方式〕
高湯、湯品、白湯等。

〔烹調重點〕
要熬煮成高湯的話，那麼在湯汁沸騰後，以小火短時間的熬煮，過篩之後就是透明的高湯。但用大火長時間熬煮的，就是白濁的白湯了。

雞肉

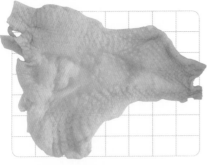

雞皮
【 SKIN 】

味道很強烈，可用來強調料理的風味。

脂肪很多，熱量是雞裡脊肉的5倍。比起雞身，脖子部位的雞皮比較有味道。在中式料理中，會把蒸過雞皮所流下的脂肪「雞油」用來快炒。

DATA

煮、蒸、煎烤、炸、絞肉、湯

〔主要烹調方式〕
油炸雞皮、網烤、快炒、紅燒、涼拌等。

〔烹調重點〕
把雞皮下面的黃色脂肪去掉，川燙後浸泡在冷水裡，再把多餘的油脂洗掉，這樣就可以烹煮了。

製作高湯

能讓肉所含的鮮甜成分完全釋放出的，就是「高湯」。要熬製出美味的高湯，就要使用新鮮的肉。熬煮出來的高湯，能夠廣泛運用在燉煮料理及醬汁上，加點蔬菜就能做出清爽湯品或濃湯。熬煮「高湯」時，要先把肉的腥味去除掉，然後加入能增添風味的香味蔬菜及辛香料。看是要做成西式、日式還是中式，選擇使用的香味蔬菜和辛香料也不同，而味道的決定主要是在實際用來烹煮料理時，所以熬煮高湯，只要使用冰箱剩下的蔬菜就可以了。做好後，放進冰箱或冷凍庫保存，是非常方便的好幫手。

牛肉

用「牛尾」熬煮高湯

【材料】牛尾…2kg、A（香味蔬菜：紅蘿蔔／西洋芹／洋蔥、月桂葉、黑胡椒）、鹽…少許

【步驟】

❶牛尾浸泡在冰水裡，直接放進冰箱冷藏一個晚上，讓血水流出，隔天早上再稍微清洗一下，把水分擦乾。❷在鍋裡放進①的牛尾及A，水加到能蓋過牛尾，開火加熱。❸沸騰後，把肉沫撈除，中火轉小火，煮到肉軟爛。❹肉軟了之後就取出，湯用篩網過濾，然後再稍微煮滾，加鹽巴稍微調味就完成了。冷掉後會變濃稠，是味道非常濃醇的高湯。

▶ 軟爛的牛尾跟煮軟的蔬菜，其實就是「牛尾湯」。不僅可以品嘗到鮮美高湯，食材則可沾上黃芥末及橄欖油一起享用。

豬肉
用〔絞肉〕熬高湯

【材料】
絞肉…1kg、A（香味蔬菜：胡蘿蔔／西洋芹／巴西里的莖、月桂葉、黑胡椒）、鹽…1撮

【步驟】
❶絞肉使用小腿和大腿等部位的，絞的粗細大概中等即可。也可以去買塊肉，然後自己用食物處理機來絞肉。❷把①的絞肉、A 和鹽放入鍋裡，然後再加入水，水跟絞肉的比例是 1：2，開火燉煮。❸沸騰後，把肉沫撈除，用小火熬煮 4 小時左右。❹熬煮時間到了之後，關火，放置 30 分鐘。用廚房紙巾或紗布將高湯濾過，然後再煮滾一次就完成了。剩下的絞肉可做成肉燥等。

▶ 高湯放進已經燙過的瓶子容器裡，放進冰箱冷藏，隨時都可取用。但一個星期以內就要用完。冷卻後，表面可能會浮一層油脂。

雞肉
用「雞骨架」熬高湯

【材料】
雞骨架…1kg、A（香味蔬菜：洋蔥／蔥／薑、辣椒、白胡椒）、鹽…1撮

【步驟】
❶雞骨架用流動的水洗淨，濾乾水分後備用。❷把①的骨架跟 A、鹽放入鍋裡，然後再加入水，水跟雞骨架的比例是 1：2，開火燉煮。沸騰後，把肉沫撈除，用小火熬煮 4 小時左右。❸熬煮時間到了之後，關火，放置 30 分鐘。用廚房紙巾或紗布將高湯濾過，然後再煮滾一次就完成了。如果再過濾一次的話，就能取得透明的濃郁高湯了。

▶ 高湯放到較大格的製冰盒裡，冷凍保存，隨時都可取用。只要取出需要的分量，放進鍋裡加熱就可以了。大概在三個月以內要用完。

第
4
章

其他的
食用肉

【DUCK】

【MUTTON】
【LAMB】

羊肉

【MUTTON】
【LAMB】

羊肉的分類

「LAMB（羔羊）」跟「MUTTON（成羊）」的不同？

羔羊是指還沒長恆齒，出生後未滿十二個月的羊。羊大概出生十二個月之後就會長恆齒，所以只要超過十二個月的，就叫做成羊。羔羊的肉質比成羊柔軟，且沒有明顯的羊腥味，所以日本大多以食用羔羊為主。成羊的話，可以使用在蒙古料理，或是做成香腸等的加工品。如果再細分的話，出生後9～16週的稱「溫室」，16週～8個月為「春天」，8～12個月是「羔羊」，1～2年為「耳環」，20個月以上是「成羊」。

日本的羊肉主要是從澳洲和紐西蘭進口的，雖然本國飼育的數目不多，但在北海道等地，還是有飼育及販售國產羔羊。

烹調

羊騷味很重的話？

因為羔羊的脂肪融點較高，所以冷卻的話，脂肪會馬上凝固，那麼就會聞到羊騷味。羊騷味應該是從脂肪散發出來的，因此在烹調時，都會把脂肪去除乾淨，或是用大火烹調，然後中途再把多餘的油脂去除乾淨。

想要煮出粉色羊肉時？

烤羊肉時，一開始要用大火烤上色，等烤到某個程度，就停止加熱，利用餘熱催熟。不要讓羊肉完全熟透，稍微靜置一下再切，應該就能煮出漂亮的粉色羊肉了。

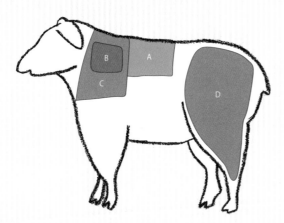

D C B A

D 腿肉……p113
C 上肩胛肉……p112
B 肩胛肉……p111
A 腰脊肉……p110

部位。

營養。

含豐富的鐵及維他命 B 群

羊肉含能促進新陳代謝的蛋白質，以及有助於血液生成的鐵，對貧血及手腳冰冷的人是很好的肉類。羊肉也含有維他命 B12 及 B1 等維他命 B 群，而脂肪及膽固醇值較低，所以是預防老化及美容的健康食材。

羊肉

食品成分表

羊／羔羊 可食用部分 100 公克	B 肩胛肉 帶脂肪、生	C 上肩胛肉 帶脂肪、生	D 腿肉 帶脂肪、生
熱量〔kcal〕	227	233	217
蛋白質〔g〕	18.0	17.1	19.0
脂肪〔g〕	16.0	17.1	14.4
鈣質〔mg〕	8	4	5
鐵〔mg〕	1.5	2.2	2.0
維他命 B1〔mg〕	0.13	0.13	0.24
維他命 B2〔mg〕	0.22	0.26	0.33
膽固醇〔mg〕	73	80	68

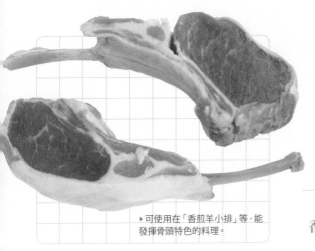

▶可使用在「香煎羊小排」等，能發揮骨頭特色的料理。

背脊肉
【 LOIN 】

肉質柔軟，
香味很濃郁的瘦肉。

相當於牛肉的裡脊肉，包括「腰肉」及後面的「腰脊肉」，通稱為「背脊肉」。肉質相當軟嫩，是羊肉中最頂級的部位。上等的羔羊腰肉帶著淡粉紅色，味道非常的圓潤。帶骨的可直接烤，或是連骨一起切塊，用油煎或網烤的方式烹調。

DATA

煎烤

〔主要烹調方式〕

烤羊小排、涮羊肉等。

〔烹調重點〕

帶骨羊排的話，要用刀在骨頭上面那一層脂肪表面劃上刀痕，然後把鹽跟胡椒搓揉入味。

〔塊狀〕

「腰肉」包括了6～8根的骨頭。

TOPICS

◎烤帶骨羔羊肉及香草

要烤羔羊肉時，除了鹽跟胡椒外，還需要香草。使用新鮮香草時，要用刀切碎，乾燥的香草則直接跟橄欖油拌勻，搓揉在肉的表面，使它入味。推薦使用的香草有迷迭香、鼠尾草、百里香。

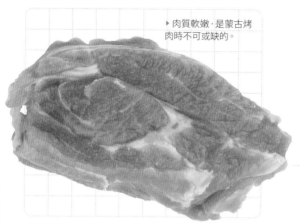

▶肉質軟嫩,是蒙古烤肉時不可或缺的。

肩胛肉

【 CHUCK ROLL 】

帶著些許的筋,
肉質軟嫩的上等肉。

羊肉

人氣的「肩胛肉」,瘦肉及脂肪分布均勻,且帶著些許的筋,是非常美味的部位。沒什麼羊騷味,肉質柔軟,所以接受度高,在日本也是屬於頂級的食材。切成厚片做成羊排,或是烤肉、番茄燉羊肉等都很適合。

DATA

煮、煎烤

〔主要烹調方式〕
烤羊排、烤羊肉、紅燒等。

〔烹調重點〕
因筋較多,所以最好切成小塊烹煮。

TOPICS

◎羊肉含有的「鋅」跟「肉鹼」,究竟是什麼?

100公克羊肉中所含的「鋅」約占成人每天必須攝取總量的20%。能提高免疫力,對於病後體力的恢復也很有效,同時也能安定情緒,讓肌膚的狀態變好。而且羊肉含有豐富的,據說有燃燒體內脂肪效果的「肉鹼」。對燃燒體脂肪很有幫助,而此減重成分在目前受到相當注目。羊肉不但熱量低,且具有相當多的營養成分。

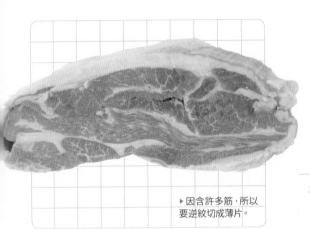

上肩胛肉
【 SHOULDER 】

帶著羊肉獨特騷味

▶因含許多筋，所以
要逆紋切成薄片。

羊肉

以肩部為主的部位。脂肪多，部分脂肪帶有濃烈的羊騷味，所以要去除再烹調。跟腿肉相比，筋比較多，但去掉骨頭後，能夠做成烤羊排，切成薄片則能炭烤，而且還能烹調成紅燒羊肉。靠近小腿肚的部分因為很硬，所以大多做成加工品。

DATA

煎烤

〔主要烹調方式〕
烤羊排、烤羊肉、紅燒等。

〔烹調重點〕
最好把有強烈騷味的脂肪去除後再烹調。

TOPICS

◎北非小米跟羊肉

北非的料理「酷斯酷斯」。北非小米可以搭配羊肉燉蔬菜一起品嘗，另外還可加上辣味醬調味。或是加上辣椒、大蒜、孜然、芫荽等，做出異國的風味。

TOPICS

◎「上肩胛肉塊」是？

稱為「上肩胛肉條」跟「羔羊肉條」的部位，是去掉肩肉等的骨頭及筋之後，把羔羊肉切成片後捲起，經過整形後的圓柱狀羊肉塊。大多是冷凍的，但因為價格便宜，所以可以盡情享用，加熱後肉會散開來，因此可用來快炒。

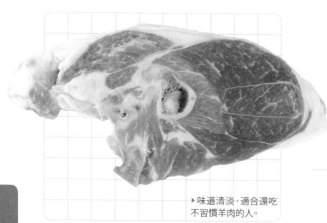

▶味道清淡，適合還吃不習慣羊肉的人。

腿肉

【LEG】

脂肪最少的部位

從腰到腳的後腿部分。肉質是羊肉當中，脂肪最少且最美味的。帶骨的話，可直接放進烤箱烤，或是切成厚片做成羊排，另外也能用來燉煮。尤其是稱為「TOPSIDE」的上後腿肉，肉質更是柔軟，而且沒有脂肪，可用炙燒方式來烹調。

DATA

煎烤

〔主要烹調方式〕

烤羊排、羊排、烤羊肉、紅燒、串烤、BBQ等。

〔烹調重點〕

軟的部位可做成羊排或烤羊排，靠近小腿肚等較硬的部分，可烹調成咖哩或紅酒燉羊肉。

TOPICS

◎羊肉具溫補效果

藥膳中，羊肉具有溫熱性質。能夠讓腹部溫暖，緩和因身體冰冷而引起的腹痛及足腰疼痛。但在夏天容易中暑冒冷汗的人，或是發生口內炎，出現泛紅的濕疹時，最好不要食用。

TOPICS

◎分得更細的話？

「腿」又可細分成「外側腿肉」、「內側腿肉」、「小腿腱」、「後腿股肉」和「臀肉」等。

羊肉

馬肉
【 HORSE MEAT 】

DATA

生、煮

〔主要烹調方式〕

生馬肉片、生肉冷盤、櫻花鍋、
加工品等。

能享受馬肉獨特的鮮甜

品嚐生馬肉片及馬肉鍋就

馬肉的切面呈櫻花色，而且在櫻花盛開的季節最為美味，所以又稱「櫻花肉」。肉質比牛肉緊實，脂肪也比較少。因為帶著獨特的鮮甜味，所以只要搭配上薑等辛香料，看是要直接品嚐生馬肉片，或是放進味噌鍋裡都可以，品嚐生馬肉片時，通常會使用瘦肉部分或頸肉。

山羊肉
【 GOAT MEAT 】

DATA

煮、煎烤、湯

〔主要烹調方式〕

烤山羊排、紅燒、山羊起司、羊
肉湯等。

「羊肉湯」是沖繩的傳統料理

山羊有滋補養身的功效。使用山羊肉烹調的「羊肉湯」，是沖繩珍貴的傳統料理。公羊的騷味較濃烈，而口感跟一般羊肉類似。在法國的料理中，為了去除騷味，會使用大量香草，或是長時間以低溫慢烤，逼出散發出騷味的油脂。

鹿肉
【 VENISON 】

DATA

生、煮、煎烤、湯

〔主要烹調方式〕

烤鹿肉、紅燒、義大利麵醬、炙
烤、生鹿肉片、湯品、楓葉鍋等。

法國料理中的頂級食材

從狩獵時期開始，鹿肉就被當作食用肉。在北海道，能夠品嚐到四處棲息的梅花鹿的肉。屬於脂肪少，味道清爽的瘦肉，雖然有獨特的腥味，但含豐富的蛋白質、鐵、維他命B1、B，從營養層面看，是非常優秀的食用肉。在法國料理中，這是野味當中最高級的食材。

山豬肉
【BOAR MEAT】

DATA

煮、煎烤、蒸

〔主要烹調方式〕

紅酒燉豬肉、肉醬、牡丹鍋、醃漬味噌等。

具獨特風味，冬季盛產的牡丹肉。

豬的祖先，屬於野生動物。在日本，棲息於北海道以外的深山裡，在兵庫縣丹波地區及靜岡縣天城地區相當有名。肉質比豬肉略硬，具獨特的味道。可做成壽喜燒或是味噌口味的「牡丹鍋」。在法國，有使用山豬肉及紅酒烹調，稱為「MARCASSIN」的傳統料理。

熊肉
【BEAR MEAT】

DATA

煮

〔主要烹調方式〕

燉煮熊掌、味噌鍋等。

熊肉能滋補養身

在日本，深秋到冬天是熊的狩獵期。熊肉能溫熱身體，具有滋補養身的功效。尤其是熊掌具有豐富的膠原蛋白，所以也有美容的效果。為了去除腥臭味，必須經過好幾道燉煮的「燉煮熊掌」，是中式料理中的頂級料理。據說熊吃蜂蜜時會使用左掌。

兔肉
【RABBIT MEAT】

DATA

煮、煎烤

〔主要烹調方式〕

醋醃兔肉片、烤兔肉、紅燒、味噌鍋等。

脂肪少，低熱量的兔肉。

口感跟雞肉類似，非常柔軟且味道清爽，具有獨特的風味。因具有黏性，所以製作香腸時放入的話，可讓食材更具黏性。也可用在像是使用大量蔬菜及香草一起燉煮的「紅酒燉兔肉」等，味道較濃厚的料理上。在法國和義大利，野生兔是從秋天到冬天的當季珍貴食材。

豬肉／熊肉／兔肉

鴨肉

【DUCK】

鴨的種類

鴨有哪些種類呢？

鴨有野生的「綠頭鴨」，以及養殖鴨和野生鴨交配而成的「合鴨」，另外還有鵝、養殖鴨等。鴨肉料理大多會使用合鴨。

＊綠頭鴨：公鴨頭部帶有綠色鴨毛的品種，當野生綠頭鴨的冬季狩獵季節來臨，綠頭鴨為了抵禦寒冬，脂肪層會變厚，美味度倍增。

＊合鴨：養殖鴨跟野生鴨的交配種。當中的Mallard品種，是為了獲取鴨肝醬而飼養的。流通於日本國內的，大多是合鴨。

＊鵝：在德國和中國，鵝肉的使用頻率相當的高。在日本，會刻意把鵝的肝臟養肥大，製作大家熟知的「鵝肝醬」。

＊鴨：將野生鴨家禽化，脂肪豐厚，肉質軟嫩。代表的料理有「北京烤鴨」等的烤鴨。蛋可製作「皮蛋」。

烹調

如何選擇？

選擇帶著鮮艷紅色的鴨肉。如果是買整隻的話，要選擇屁股緊實，重量比較重的。

做成冷盤也好吃的是？

在冷盤經常可以看到的烤鴨。將用柳橙皮熬煮的碧加拉弟醬汁（BIGARADE SAUCE）淋在冷卻的鴨肉上，這是法國的特色料理之一。因鴨肉脂肪的融點低，所以入口即化，就算是做成冷盤也很美味。

I　H　G　F　E　D　C　B　A

鴨肝……p123
鴨胗……p123
鴨心……p122
鴨掌……p122
二節翅
翅腿……p121
裡脊肉……p121
鴨胸……p120
鴨腿……p120　p119

營養。。

能夠預防文明病的發生

合鴨的脂肪比雞肉多。特別是母鴨的皮下脂肪豐厚，味道濃郁是其特徵。鴨肉的脂肪含有很多不飽和脂肪酸，所以具有降低血液中膽固醇的作用。但因容易氧化，所以要趁新鮮之前烹調。同時也含有豐富的維他命B群及鐵。

食品成分表

鴨

可食用部分 100 公克	合鴨肉、帶皮、生	鴨肉、帶皮、生	鴨肝水煮
熱量 (kcal)	333	128	510
蛋白質 (g)	14.2	23.6	8.3
脂肪 (g)	29.0	3.0	49.9
鈣質 (mg)	5	5	3
鐵 (mg)	1.9	4.3	2.7
維他命 B1(mg)	0.24	0.40	0.27
維他命 B2(mg)	0.35	0.69	0.81
膽固醇 (mg)	86	86	650

鴨肉

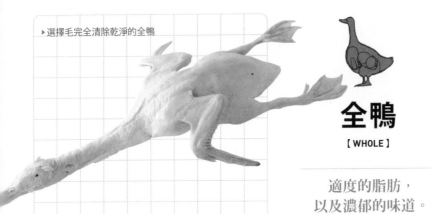

▶選擇毛完全清除乾淨的全鴨

全鴨
【 WHOLE 】

適度的脂肪，
以及濃郁的味道。

鴨肉

脂肪相當甘甜，鴨肉本身卻很爽口，但有獨特的腥味，而野生鴨的腥味更重，已被家畜化的鴨則沒什麼腥味。一般來說，以鴨肉及長蔥為拉麵或烏龍麵主要配料的「鴨肉南蠻」及「鴨肉火鍋」所使用的肉，都是由養殖鴨和野鴨交配而成，稱為「合鴨」的品種，公母都有販售。

DATA

煮、煎烤

〔主要烹調方式〕
油封鴨、北京烤鴨、紅燒、煙燻、治部煮*、烤鴨、沙拉等。
*治部煮：是日本金澤很典型的當地料理。它的湯是有加糖的甜味湯汁。

〔烹調重點〕
因含豐富的優質脂肪，所以快炒時不需再放油。

TOPICS

◎「鴨子自己帶著蔥來」是什麼意思呢？

所謂「鴨子自己帶著蔥來」，也就是「得來全不費工夫」的意思。可見鴨跟蔥是非常好的組合。能夠滋養補身的鴨肉，以及不但能去除肉的腥味，同時也具有讓身體溫熱效果的蔥，這兩樣食材讓人想到冬天的美食「鴨肉火鍋」。

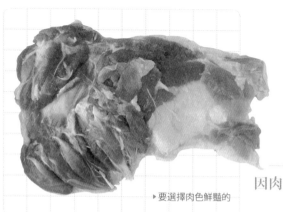

▶要選擇肉色鮮豔的

鴨腿

【LEG】

因肉質硬，最好切成片或以燉煮方式烹調。

鴨腿有著厚厚的脂肪，肉呈暗紅色。跟鴨胸相比，肉質比較硬，但味道卻比較濃厚，所以推薦給喜歡吃鴨肉的人。在法國料理的「油封鴨腿」中，會在鴨腿肉撒上鹽及香草，然後放在油脂中，以低溫慢慢加熱。「油封」是沒有冷凍技術時代的保存方法。

DATA

煮、煎烤

〔主要烹調方式〕

油封鴨腿、紅燒、煙燻、治部煮、烤鴨腿、沙拉等。

〔烹調重點〕

注意火侯，溫度太高，肉容易縮小。

TOPICS

◎鴨肉的脂肪特徵

鴨肉的脂肪性質跟牛及豬的不同。牛跟豬的脂肪中，含許多飽和脂肪酸，攝取過量的話，可能會讓血膽固醇上升。但鴨肉的脂肪，則含有許多不飽和脂肪酸，在常溫中不會凝固，所以具有降低血膽固醇的作用。不飽和脂肪酸多含於植物性脂肪中。而且鴨的脂肪融點只有14℃，所以就算料理加熱冷卻後也很美味。鴨肉冷盤及烤鴨等，可使用的料理種類相當多樣化。

鴨肉も

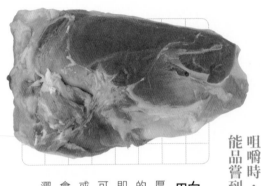

鴨胸
【BREAST】

DATA

煮、煎烤

〔主要烹調方式〕
油封、紅燒、煙燻、治部煮、烤鴨胸、沙拉等。

〔烹調重點〕
要用火烤方式烹調的話，可先用刀在鴨皮劃上格子刀痕。

咀嚼時，能品嘗到鴨子原有的風味。

鴨胸肉是鮮豔的紅色，肉質軟嫩且有厚度，非常有咬勁。鴨胸的特色是脂肪甜美且入口即化。不喜歡太油的人，可用火烤方式將油逼出，或是先蒸過，這樣吃起來會很清爽，而且也不會乾澀，接受度比較高。

裡脊肉
【TENDER】

DATA

煮、煎烤

〔主要烹調方式〕
醋漬、水煮、沙拉、治部煮等。

〔烹調重點〕
因為筋很硬，所以要去除乾淨。

沒有脂肪，味道清爽。

鴨的「裡脊肉」要比雞的稍為大一些，顏色紅，幾乎沒有脂肪，因此味道也很清淡。金澤的鄉土料理中，有一道「治部煮」，這道菜就是使用鴨的裡脊肉，跟麵麩跟香菇、蔬菜等一起用高湯熬煮。鴨裡脊肉是熱量低，非常營養的食材。

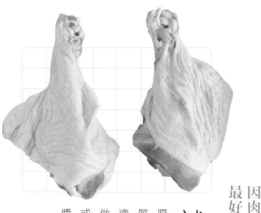

翅腿
【 DRUM STICK 】

DATA

煮、湯

〔主要烹調方式〕
高湯、紅燒等。

〔烹調重點〕
主要不是品嚐肉的鮮美，而是用來熬煮高湯。

因肉質較硬，最好拿來紅燒或燉湯。

就是從上臂切下的翅腿部分。味道濃厚，相當美味，但因為肉質硬，所以非常有咬勁，適合拿來紅燒或燉湯。可做成法國料理中的高湯，或是義大利料理的「肉醬」。

鴨肉

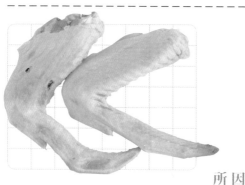

二節翅
【 WING TIP 】

DATA

湯

〔主要烹調方式〕
高湯

〔烹調重點〕
主要不是吃肉，而是用來熬煮高湯。

因沒有太多肉，所以可用來燉湯。

肉很少，幾乎吃不到肉，所以一般都用來熬高湯，或作為燉湯材料。將鴨高湯跟鰹魚等魚貝類高湯混合後所做出的「蕎麥麵湯」，能夠品嚐到鴨肉的頂級美味。用蔥及薑等辛香料提味的話，應該會更美味吧！

121

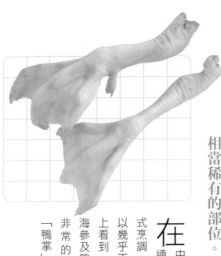

鴨腳
【FEET】

口感軟嫩，
相當稀有的部位。

在中式料理中，鴨掌通常都會用紅燒方式烹調。因非常稀有，所以幾乎不會在日本的市場上看到。在中國，用「乾海參及鴨掌」做成的名菜非常的珍貴，老饕稱為「鴨掌」。

煮

〔主要烹調方式〕
紅燒等。

〔烹調重點〕
在日本很少見，購買時，要確認骨頭有沒有拿掉。

鴨肉

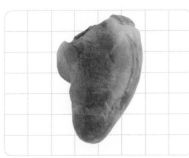

鴨心
【HEART】

有咬勁，
所以要切成薄片。

比雞心稍微大一些。處理方法跟雞心相同（參考101頁）。肉質硬，所以切片快炒，或是用醬油跟味醂紅燒都不錯。具有獨特的口感，能品嘗到鴨肉特有的風味。

煮、煎烤

〔主要烹調方式〕
紅燒、油煎等。

〔烹調重點〕
對半切，用流動的水沖掉血水。

▶黃色的油脂部分要去除乾淨。

鴨胗

【 GIZZARD 】

比雞胗的味道更濃厚，
有脆脆的口感。

鴨肉

在「鴨胗」法國料理中，「油封鴨胗」非常有名。在日本，通常會用來串烤或快炒。比雞胗要大，有脆脆的口感，沒有腥味。處理鴨胗時，要把筋等去掉，然後才能用來烹調。日本的肉店不太常見，但可從網路商店購買到冷凍品。

DATA

煮

〔主要烹調方式〕
油封、火腿、紅燒、前菜、串烤等。

〔烹調重點〕
切成薄片後烹調。或是切成塊，
然後用調味料先醃漬入味後再
烹煮。

TOPICS

◎油封鴨胗

【材料】
鴨胗…500g
橄欖油…適量
A 鹽…1 大匙
　胡椒…1 小匙
　百里香…2 根
　迷迭香…1 根
　月桂葉…3 片

【做法】
❶把鴨胗的筋等雜物去掉，
跟 A 一起放進塑膠袋混合均
勻，放冰箱靜置一晚。
❷仔細擦乾①鴨胗的水分，
放入鍋內，倒入能蓋過鴨胗
的橄欖油，開中火加熱。
❸要是鴨胗起泡的話，就稍

微攪拌一下，開小火，用低
溫慢慢煮 2 ～ 3 小時。
❹品嘗鴨胗時，可以從橄欖
油取出，然後再稍微煎一下。
剩下的鴨胗可放到密閉容器
裡保存，這樣可以放在冰箱
冷藏兩星期左右。

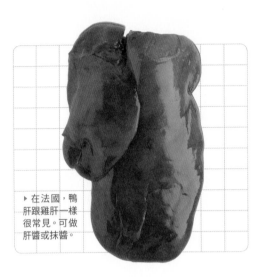

▶ 在法國,鴨肝跟雞肝一樣很常見。可做肝醬或抹醬。

鴨肝

【 LIVER 】

顏色是否鮮豔,
決定了新鮮度。

綿密的口感及特殊的風味,讓人著迷的鴨肝,是用來製作「抹醬」和「法國派」的食材。鮮度佳的鴨肝,顏色鮮豔且沒有腥味,所以只要用流動的水把血塊等雜物沖乾淨,就可拿來烹調。含豐富維他命A、維他命B群、鐵、葉酸等,因此很適合貧血的人。

DATA

煮、煎烤

〔主要烹調方式〕
法國派、肝醬、油煎等。

〔烹調重點〕
用來製作法國派的話,要先把血塊、筋去掉,這樣才能讓派餡更滑順。

鴨肉

TOPICS

◎法國特口「鴨肝」

法語的「FOIE」是肝臟,「GRAS」是肥大的意思,所以「FOIE GRAS」就是鴨的脂肪肝。因強迫餵食而肥大的肝臟,大概有500~900g重,是正常肝臟的10倍。有濃醇的味道,是世界三大珍品之一。

鵝肉
【 GOOSE 】

濃郁的味道令人著迷

鴨科的家禽。很像鴨肉，但稍微有點腥味，適合用來快炒或做成湯品，以德國為中心的歐洲圈，以及中國等地區，有不少用鵝肉烹煮的料理。在台灣，鵝肉專賣店受到相當的歡迎。日本則是把牠當作鵝肝的生產源，從鵝取得的鵝肝稱為「鵝肝醬」。

DATA

煮、湯

〔主要烹調方式〕
烤鵝、湯品等。

鶴鶉肉
【 QUAIL 】

不光是蛋好吃，鵪鶉肉也很美味。

屬雉科的家禽。通常是使用牠所產的蛋，但其實鵪鶉肉也很清爽美味，所以可烹調成炸雞塊、烤鵪鶉，或是連骨頭一起剁成泥，然後做成肉丸子，還是用來紅燒或作為清湯的材料等。肉為紅色，脂肪少，含豐富的維他命B2，所以冬天正值當令。秋天至冬天的鵪鶉較肥美，所以冬天正值當令。

DATA

煮、煎烤、炸

〔主要烹調方式〕
炸鵪鶉肉塊、烤鵪鶉、網烤、醋醃、油封、紅燒、清湯等。

鳩肉
【 PIGEON 】

歐洲各國及中國的人氣食用肉

鳩肉的口感柔軟，含豐富的鐵及各種維他命，而且脂肪很少。雖然在日本很少食用，但在歐洲卻是為了食用而飼養的，在法國料理中，是非常普遍的食用肉，可用來烤或紅燒。法國布雷斯產的品質很不錯。

DATA

煮、煎烤

〔主要烹調方式〕
紅酒燉煮、油煎等。

鴨肉

火雞
【TURKEY】

聖誕節大菜烤火雞

北美原產的食肉用家禽。成熟的火雞，體重有10～15公斤，而養到4～5公斤的雄火雞是最美味的。肉質軟嫩，脂肪較少，味道也不會太強烈。越接近冬天，脂肪變得越豐厚，美味也倍增。在歐美，火雞不但是聖誕節和感謝祭典的料理，而且也是慶祝結婚的料理。

DATA

煮、煎烤

〔主要烹調方式〕
烤火雞、沙拉、拼盤等。

〔烹調重點〕
跟雞肉的處理方式一樣，非常的簡單。雌雄的不同，在於雄火雞有黑色胸毛。

鴨肉

TOPICS

◎野味料理

「GIBIER」是「野生鳥獸」的意思。法國等北歐國家，當冬季的狩獵禁令解除時，餐廳便會提供以狩獵而來的肉類所烹調的料理，而這就是「野味料理」。

有關野味料理的歷史，大概是在歐洲中世紀，王公貴族將在領地狩獵所捕獲到的鹿、野兔、鳩及雉雞等烹調成各式料理，提供給客人享用。野生動物最美味的季節大概是10~1月，而此期間就稱為狩獵季節，在高級餐廳能品嘗到野味料理。在日本，也有餐廳會在冬季提供野生豬和鹿的料理。

日本人是從哪個時候開始吃肉呢？

肉類是現今餐桌不可或缺的料理。
但日本人開始吃肉卻是在戰後。
接下來要稍微介紹日本人跟肉的淵源。

江戶時期的高貴「藥品」就是牛肉

日本人以從事稻作為主。為了種植稻穀就需要把牛當作家畜飼養，因此不像歐美人有吃牛肉的習慣。不久後，朝鮮人將食用牛肉的習慣帶到了日本，並且廣泛流傳到各處。在飛鳥時代，曾發布「肉食禁令（日本書紀）」，每年農耕期間（4月～9月），為了保護幼魚及五畜（牛、馬、犬、日本猴、雞）而禁止食肉。在戰國時代，京都等地有吃牛肉的習慣。到了江戶時代，在彥根藩把「味噌醃牛肉」作為「進補」食物來販售。但真正開始吃牛肉，是在明治的文明開化以後。當時非常流行品嘗「牛鍋（壽喜燒）」。

在薩摩藩，豬肉稱為「會走的蔬菜」

在亞洲和歐洲，廣泛棲息了豬的祖先野豬，因此自古就有吃豬肉的習慣。日本在彌生時代，也開始吃豬肉。但自從佛教傳到日本之後，因為明文規定禁止食肉，所以真正開始豢養豬隻應該是在明治中期以後。在沖繩，自古以來便深受中國文化的影響，所以有飼養豬隻，以及吃豬肉的習慣。

1385年的「黑毛豬」非常有名，不久後也從琉球移入薩摩藩。在戰國時代，薩摩藩將豬肉稱為「會走的蔬菜」。在當時，薩摩藩是非常奇特的肉食集團。

「童子雞」讓雞肉變成隨手可得的食用肉

五千年前，在印度飼育的紅色野雞，以各種方式傳到世界各國。當時是以雞鳴聲來報時，而且也會以鬥雞結果來預測吉凶。

日本在平安時代，從中國和朝鮮傳來尾巴細長，稱為「小國」的雞作為宮廷鬥雞。雖然在江戶時代禁止捕食野鳥，但在明治前後，開始食用雞肉和「軍雞（鬥雞）」。戰後，受到美國駐軍的影響，農家開始飼養雞隻，到了昭和30年代，引進「童子雞」，開始出現養雞的風氣。因為用少量的飼料，短期間就能長大，所以雞肉成為便宜又隨手可得的食用肉，現在每人年間雞肉食用量，大約有11公斤。

高齡者也應該要吃肉

有不少人認為「吃魚勝過吃肉」或「比起味道重的，更喜歡清淡的」。
但肉所含的營養成分，卻是高齡者所必須的。

日本人的平均壽命及肉食

日本人開始攝取足夠肉類，大概是在 1970 年以後。在那之後，日本人的壽命延長，體格也變得相當的精實。身體的抵抗力也明顯提高。當然這不完全是因為吃肉。但包括肉類在內，應該與攝取優質蛋白質有很大的關係。

肉是胺基酸積分 100 的食物

構成蛋白質的氨基酸當中，有 9 種是無法在體內合成的，必須從食物來攝取。這 9 種稱為「必須胺基酸」，是合成肌肉、血液及骨骼等重要的營養成分，欠缺任何一種，都會影響到身體進行合成。用來評價食品所含「必須胺基酸」標準的「胺基酸積分 100」，是指最理想的氨基酸組合食品，一定要是這 9 種必須胺基酸的含量高達 100%，代表食物有「雞肉」、「牛肉」、「豬肉」等食用肉。

另外牛肉所含的鐵，以及豬肉中的維他命 B1 也不可小看。選擇脂肪較少的牛腿肉，以及豬的腰裡脊肉，而因為雞肉味道較清淡，所以雞里脊肉或雞胸肉就用蒸煮的方式烹調。在部位和烹調方式下工夫，讓每天的飲食生活都能營養均衡。

肉類的國內生產量演變

國內生產量(t)	肉類(鯨肉除外)
1960年（昭和35年）	422,000
1970年（昭和45年）	1,296,000
1980年（昭和55年）	2,985,000
1990年（平成2年）	3,476,000
2000年（平成12年）	2,979,000
2009年（平成21年）	3,253,000

國民每人年間肉品食用量

1個人每年的數量(kg)	牛肉	豬肉	雞肉
1960年（昭和35年）	1.5	1.1	0.8
1970年（昭和45年）	3	5.3	3.7
1980年（昭和55年）	5	9.6	7.7
1990年（平成2年）	8.7	10.3	9.4
2000年（平成12年）	12	10.6	10.2
2009年（平成21年）	9.3	11.5	11

日本人平均壽命

平均壽命(歲)	男性	女性
1950年（昭和25年）	58	61.5
1960年（昭和35年）	65.32	70.19
1970年（昭和45年）	69.31	74.66
1980年（昭和55年）	73.35	78.76
1990年（平成2年）	75.92	81.9
2000年（平成12年）	77.72	84.6
2009年（平成21年）	79.59	86.44

資料：農林水產省「食料供需表」平成21年

第5章

絞肉、加工品

DATA

煮、煎烤、炸、湯

〔主要烹調方式〕
漢堡、肉丸子、香腸、肉燥、餃
子等。

〔烹調重點〕
絞肉攪拌至出現黏性後再整形。
用來熱炒的話,要把肉全部炒
熟,直到肉流出的油脂沒有混濁
為止。

絞肉
【 MINCE 】

選擇肉色均勻,
而且又不會濁濁的絞肉。

絞
肉

豬絞肉
【 PORK MINCE 】

使用腿肉和外側後腿肉等做出的,瘦
肉占較多比例的絞肉比較好。用小腿
腱和五花肉等絞出的絞肉,味道非常
濃厚,而且口感比牛絞肉更柔軟。

牛絞肉
【 BEEF MINCE 】

大多會把上肩胛肉和小腿腱等較硬
的瘦肉部位,以及五花肉等脂肪較多
的部分絞在一起。脂肪比豬絞肉少。

將肉的各部位及切下來的碎塊絞成的絞肉，因接觸空氣的面很廣，所以很容易腐壞，最好選擇剛絞好的。要特別注意的是脂肪量。依據店家的不同，有些店家會標出「瘦肉比例80％以上」。脂肪含量高的話，絞肉的顏色會偏白，加熱之後，因油脂的流失，肉有可能會縮小，但要是瘦肉比例太高的話，肉的口感就會太乾柴。想讓口感更好，最好使用絞過兩次的絞肉，但製作可樂餅就要絞得比較粗，要替各種料理選擇適合的絞肉。

牛豬混合絞肉
【 MIXTURE OF GROUND BEEF AND PORK 】

用豬肉和牛肉絞成的絞肉。牛的鮮甜和豬肉的濃醇，完成絕妙的搭配，可根據製作的料理來調整混合的比率。

雞絞肉
【 CHIKEN MINCE 】

包括雞皮在內，將雞肉各部位絞在一起的雞絞肉脂肪含量高，顏色偏白。沒有雞皮，或只有雞胸肉的絞肉則味道較爽口。

原味、煎烤、炸

〔主要烹調方式〕
沙拉、三明治、火腿蛋、炸火腿
排等。

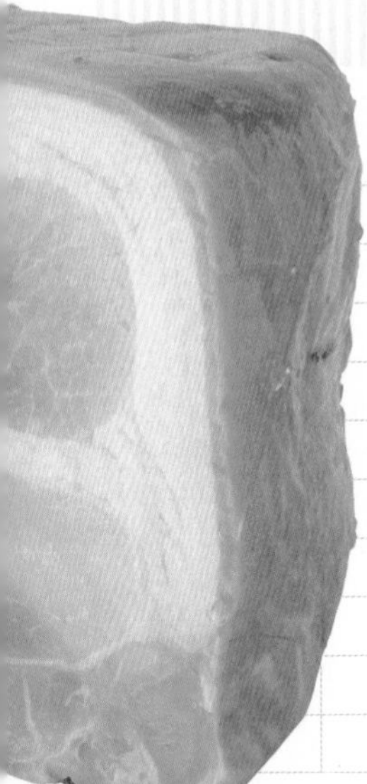

火腿
【HAM】

語源是「豬腿肉」，
現在則指「加熱火腿」。

加工品

無骨火腿
【HAM】

使用豬腿肉。除了用在
三明治的正方形火腿外，
捲成圓筒狀的「圓火腿」
較為一般。

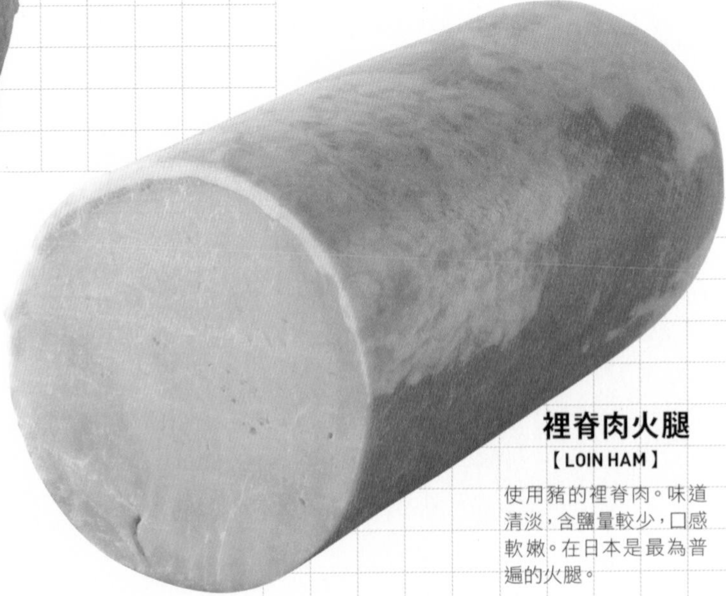

裡脊肉火腿
【LOIN HAM】

使用豬的裡脊肉。味道
清淡，含鹽量較少，口感
軟嫩。在日本是最為普
遍的火腿。

加工品

作為豬肉的保存方法，在歐洲開發出的火腿，於明治初期傳到長崎，之後因為英國人在神奈川的鐮倉開始製造並販賣，所以逐漸普及並逐漸被大家所接受。豬肉經過壓模整形，以鹽來醃漬之後煙燻，然後再加熱處理的製品，慢慢在日本成為主流。豬肉加上馬肉、兔肉、羊肉加工做成的「壓型火腿」是日本自創的產品。希望能品嘗更美味的火腿，最好加熱到豬脂肪的融點，也就是35～37℃以上。跟蘋果等水果搭配，應該會品嘗到超乎想像的美味。

壓型火腿
【 PRESS HAM 】

日本獨創的產品，加了食鹽和辛香料等的碎肉，放進模型內壓模而成的。以豬肉為主，但也可能使用牛肉或羊肉等。

肋肉火腿
【LACHSSCHINKEN（德）】

使用豬裡脊肉和肩胛肉、腿肉。「LACHS」是德語「鮭魚」的意思，代表這種火腿的肉色有如鮭魚的漂亮顏色。

生火腿
【HAM】

肉經過熟成所散發出的美味，受到全世界的喜愛。

義大利風乾火腿
【PROSCIUTTO CRUDO（義）】

豬腿肉不經過煙燻，直接乾燥熟成的生火腿。義大利語的「PROSCIUTTO」是「火腿」的意思。

一般來說，生火腿是把豬肉的形狀調整好後，用鹽長時間的醃漬，讓它發酵，並且以低溫煙燻，英文稱此火腿為「Lachs Ham」。未經過煙燻，而是以自然風乾方式熟成的稱為「Dry Ham」。因為經過了長時間的熟成，所以口感柔軟且濕潤，是能將肉本身原有的甜味完全釋出的生火腿，在日本受到相當的歡迎。

DATA

原味

〔主要烹調方式〕
沙拉、冷盤、三明治等。

加工品

世界三大火腿是？

世界公認的美味食材「生火腿」。使用了帶骨的豬腿肉，像是義大利的「義式帕瑪生火腿」，西班牙的「西班牙山火腿」和中國的「金華火腿」，都是嚴遵各國獨特的傳統製法而傳承至今。

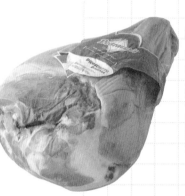

義式帕瑪生火腿
【 PROSCIUTTO DI PARMA（義）】

在義大利的帕瑪地區製造的生火腿。作為火腿原料的豬隻，是以帕米吉亞諾乳酪的乳清作為飼料。由帕瑪生火腿協會做好品質的管理，只有通過所有標準的成品才能烙上王冠的標誌，認可為帕瑪生產的生火腿。

金華火腿

中國浙江省金華地區產的火腿之一。因為切面有如火焰般呈現紅色，所以才有「火腿」之稱。在中國眾多火腿中是最頂級的，一般不會生吃，主要會作為烹調料理時的材料之一。日本只允許去除骨頭，並且經過加熱處理的金華火腿進口。

西班牙山火腿
【 JAMON SERRANO（西）】

在西班牙製作的火腿。西班牙語的「JAMON」是火腿的意思，而「SERRANO」則是「山的」意思。跟使用伊比利黑豬製造的「伊比利火腿」的原料豬種類不同，只使用白豬後腿製作。尤其是特魯埃爾產及特雷萊茲產的特別有名。

加工品

培根
【BACON】

在日本稱為「培根」的，通常是使用豬五花肉製作的。瘦肉和脂肪呈現三層分布的是上品

培根
【BACON】

煙燻過的油脂散發出香氣，將培根的鹹味活用在料理中。

燻肩肉
【SHOULDER BACON】

使用豬肩肉製作的。脂肪層薄，瘦肉部分因鹽分充分入味，所以味道較鹹。

將豬五花肉整形成長方形，以鹽巴醃漬後煙燻而成的，瘦肉跟脂肪並沒有呈現三層分布。跟火腿不同，在煙燻之後，會再經過一道加熱處理。從「培根」能嘗到燻製油脂的美味，瘦肉部分較多，鹹味較重。油脂容易融化所以口感柔軟，只要利用瘦肉本身的鹹味，應該很適合用來跟其他食材一起快炒。

DATA

煎烤

〔主要烹調方式〕
義大利麵、培根蛋、炒蔬菜等。

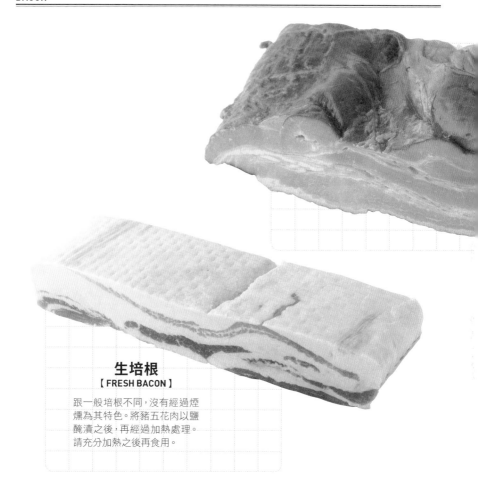

生培根
【 FRESH BACON 】

跟一般培根不同，沒有經過煙
燻為其特色。將豬五花肉以鹽
醃漬之後，再經過加熱處理。
請充分加熱之後再食用。

TOPICS

能夠生吃的培根

義式煙燻培根
【 PANCETTA（伊）】

用粗鹽搓揉豬五花肉，以鹽醃漬熟成
風乾的培根。跟其他培根不同，此培
根的特色就是帶點酸。切成薄片，跟
生火腿一樣可以生吃。它是「奶油培
根蛋義大利麵」等義大利料理不可
或缺的食材。「PANCETTA」是義大
利語的「豬五花肉」。煙燻過的稱為
「PANCETTA AFFUMICATA（煙燻
火腿）」。

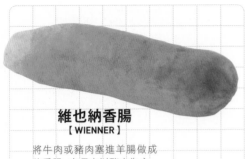

維也納香腸
【 WIENNER 】

將牛肉或豬肉塞進羊腸做成的香腸。在日本以豬肉為主，但會混進魚肉等，有時會使用人工腸衣。直徑不到20mm。

香腸
【 SAUSAGE 】

家庭常見的之外，
在高級冷盤也會出現的香腸。

臘腸
【 CHINESE SAUSAGE 】

在粗絞肉裡加了鹽及花椒等調味，然後把豬絞肉塞進豬腸，經過自然風乾後就完成的中國產香腸。加熱後直接品嘗，或是放進炒飯或快炒料理裡。帶點甜味。

加工品

粗顆粒香腸
【 COARSE-GROUND SAUSAGE 】

使用顆粒較粗的絞肉。能夠享受肉原本的甜味及口感的香腸。有咬勁，相當受到歡迎。

將生的肉，或是鹽漬過的肉做成絞肉，加入脂肪、辛香料及調味料，塞進腸衣的保存食品。製作方法跟火腿相同，煙燻後要經過加熱處理。不單是絞肉而已，也有塞進內臟或血液的，腸衣的部分，除了牛、豬、羊的之外，也可以使用以膠原蛋白為材料製作的可食性腸衣，或是使用非可食性的纖維質。

DATA

原味、煎烤、水煮

〔主要烹調方式〕
熱狗、披薩、湯品等。

西班牙臘腸
【CHORIZO（西）】

發源自西班牙的豬肉香腸。在細豬絞肉加入大蒜、紅椒粉等辛香料混合拌勻，塞進腸衣後風乾。雖然日本人可能會覺得「很辣」，但在西班牙，辣味通常沒那麼重。

無鹽香腸

只經過一定期間的鹽漬，完全沒有使用發色劑（讓肉保有漂亮的顏色，且能抑制梭狀芽孢桿菌）的香腸總稱。大多會加進巴西里或蘿勒、檸檬等香味強烈的食材。

生香腸
【SALSICCIA（義）】

「SALSICCIA」是香腸的意思。一般的香腸都是經過煙燻、加熱處理的，但生香腸的特色則是將新鮮的豬肉塞進腸衣裡。

加工品

TOPICS

義大利波隆那地區的傳統香腸

摩德代拉香腸
【MORTADELLA】

義大利波隆那的特產。在粗豬絞肉裡加入鹽、砂糖、大蒜、胡椒、開心果等調味，再將切成小塊的豬油加進餡裡，然後塞進腸衣裡。粗細約有直徑15cm至30cm左右。「MORTADELLA」的語源，是指研磨所有食材的研磨缽。是過去波隆那僧院製作的內臟香腸。

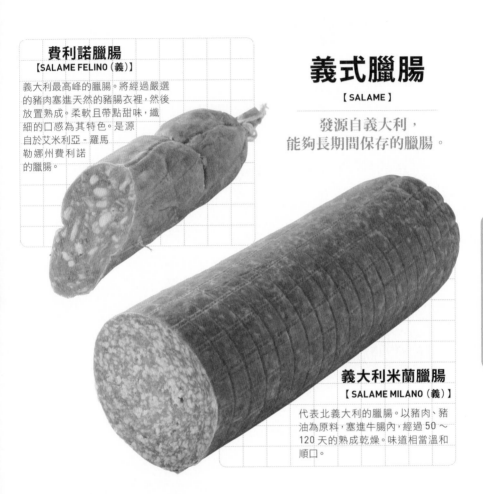

費利諾臘腸
【SALAME FELINO（義）】

義大利最高峰的臘腸。將經過嚴選的豬肉塞進天然的豬腸衣裡,然後放置熟成。柔軟且帶點甜味,纖細的口感為其特色。是源自於艾米利亞-羅馬勒娜州費利諾的臘腸。

義式臘腸
【SALAME】

發源自義大利,
能夠長期間保存的臘腸。

加工品

義大利米蘭臘腸
【SALAME MILANO（義）】

代表北義大利的臘腸。以豬肉、豬油為原料,塞進牛腸內,經過 50～120 天的熟成乾燥。味道相當溫和順口。

為了要長期間保存,在鹽漬之後,會以低溫乾燥的方式讓它熟成,屬於「乾臘腸」的一種,並沒有經過加熱處理。在豬絞肉、牛絞肉裡,加入各種香草和辛香料。在義大利則會使用大蒜,西班牙則加入紅椒粉,每個地區都有其特色。

DATA

原味

〔主要烹調方式〕
冷盤、沙拉、義大利麵等。

加工品

羅馬扁臘腸
【SALAME SPIANATA ROMANA(義)】

「SPIANATA」是「扁平」的意思。材料是豬肉及切成小塊的豬油,把餡料塞進牛腸裡,然後再放入扁平的容器內,邊緊壓邊讓它乾燥,是羅馬地區的傳統臘腸。

伊比利西班牙臘腸
【CHORIZO IBERICO(西)】

使用伊比利豬作為材料,再加入紅椒粉拌勻,然後塞進腸衣做成的臘腸。回溫到室溫,差不多在油脂快要融化時品嘗,能夠享受到伊比利豬肉、油脂,搭配上紅椒粉的絕妙風味。

TOPICS

馬蹄形的義大利臘腸

義大利辣味臘腸
【 SALSICCIA PICCANTE (義) 】

「PICCANTE」是「濃郁辛香料香氣」的意思。跟日本的西班牙臘腸的辣度不同,是香料味相當重的臘腸。一般會切片後直接食用,或是跟豆子一起燉煮,把它當作一道菜來品嘗。當然水煮或油煎也很美味。

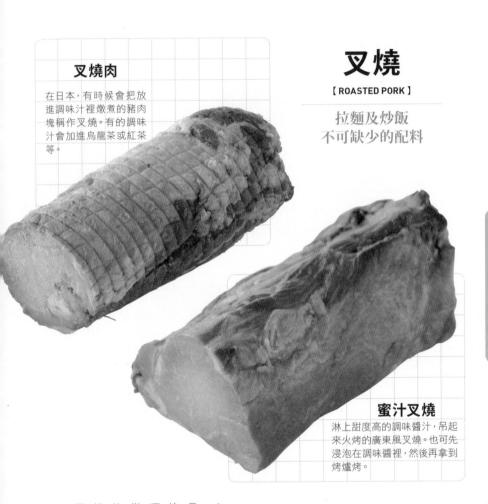

叉燒肉

在日本，有時候會把放進調味汁裡燉煮的豬肉塊稱作叉燒。有的調味汁會加進烏龍茶或紅茶等。

叉燒
【ROASTED PORK】

拉麵及炒飯
不可缺少的配料

蜜汁叉燒

淋上甜度高的調味醬汁，吊起來火烤的廣東風叉燒。也可先浸泡在調味醬裡，然後再拿到烤爐烤。

主要使用豬肩肉或五花肉，捲成圓柱狀後，看是放進繩網後再整形，還是直接用棉線綁起，放進以醬油、酒、蜂蜜等調配出的調味汁裡燉煮。蜜汁叉燒是放進烤爐烤，但叉燒肉則是用調味汁紅燒。原本「叉燒」的意思，是用叉子叉起炭烤。

DATA

原味

〔主要烹調方式〕
麵類、冷盤、年菜等。

英式烤牛肉

【 ROAST BEEF 】

呈現櫻花色澤的
英國傳統料理

DATA

原味

〔主要烹調方式〕
冷盤等。

將牛肉塊放進烤箱蒸烤，然後再切成薄片品嘗。在英國，這是星期天下午會吃的傳統菜色。因為帶點生，所以顏色呈櫻花色，一般都會淋上濃肉汁品嘗。

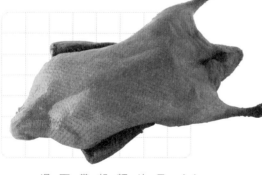

北京烤鴨

【 PEKING DUCK 】

中國北京的
代表料理之一

DATA

原味

〔主要烹調方式〕
冷盤等。

整隻鴨放進烤爐烤的「北京烤鴨」。在日本，會將酥脆的鴨皮片成小塊，然後再用以麵粉製作的「薄餅」包起來，沾上味噌醬品嘗。在中國，會使用剩下來的肉及內臟等做成湯品，或是快炒。

肉干
【JERKY】

可當作零食的保存食品，
再次受到注目的乾燥肉。

牛肉干
【BEEF JERKY】

帶著適當鹹味的超人氣零食。在南美會放入湯品中，作為熬煮高湯的食材，用途十分的廣泛。

豬肉干
【PORK JERKY】

使用豬腿肉及肩肉製作而成。跟牛肉干的做法相同，但豬肉獨特的油脂甜味卻格外明顯。

「肉干」就是將肉乾燥所做成的保存食品。主要是用牛肉的腿肉及腱子肉的瘦肉部分做成的，但近年來，也有使用豬肉及雞的「裡脊肉」做成的肉干。起源是美國原住民，剛開始也是以保存為目的。日本也會將鮭魚晾乾後，做成稱為「冬葉」的鮭魚干，另外也有將鯨魚晾乾後做成食品。

DATA

原味

〔主要烹調方式〕
冷盤、下酒菜、保存食品等。

罐頭
【 CANNED FOOD 】

廚房裡的方便保存食品

午餐肉
【 LUNCHEON MEAT 】

「LUNCHEON」是午餐或輕食的意思。將豬肉跟牛肉、羊肉混合，加入鹽漬劑、香辛料等混合拌勻，再做成罐頭的食品。沖繩稱為「豬肉罐」。

鹽醃牛肉罐頭
【 CORNED BEEF 】

把調過味道的牛肉煮熟後弄碎，再跟牛脂肪、調味料及辛香料混合後裝罐。原本是指鹽醃過的牛肉。但也有馬肉的鹽醃罐頭。

不光是煙燻和乾燥，想要更長久保存的肉品加工品就是罐頭。戰爭時，因作為軍用食糧而受到注目，除了「鹽醃牛肉罐頭」和「午餐肉」外，日本還獨自發明了牛肉大和煮＊，以及烤雞的罐頭。現在不但能作為保存食品，而且也能當作下酒菜或小菜品嘗。

＊大和煮：日本的一種料理法，把肉跟醬油、糖、鹽等調味料一起煮。醬料的味道較重，能減輕肉本身的味道，而且也容易保存。

DATA

煎烤、炒

〔主要烹調方式〕
快炒、保存食品等。

加工品

自己在家就能做的煙燻雞肉

想在家裡享受煙燻肉的話，不妨將煎過的肉稍微煙燻一下，嘗試一下溫燻呢？
除了雞腿肉或牛沙朗、鴨肩胛肉等之外，切成厚片的火腿、香腸等也能製作。
沒有煙燻箱也沒關係，沒有煙燻木片也無所謂，
只要使用平底鍋、砂糖跟茶葉就能完成，請絕對要試試看。

雞肉

用「腿肉」製作的煙燻雞

【材料】帶皮雞腿肉、A〔鹽、胡椒、香草 & 辛香料〕

【準備物品】

* 砂糖（這次用粗紅糖）
* 茶葉（這次用紅茶）
* 平底鍋（深型的，中式炒菜鍋也可以。）
* 平底鍋蓋或炒菜鍋蓋（最好是半球型的，這樣煙才能循環。）
* 鋁箔紙
* 鐵網（架在距離平底鍋鍋底 2～3cm 的位置）

ザラメ

紅茶

【步驟】

❶雞腿肉撒上 A 來調味，放進冰箱靜置 1 個小時。

❷將①稍微煎一下。
❸用鋁箔紙做出盤子，把砂糖和茶葉放入，分量大概是 1：2，然後放在平底鍋裡。上面架起鐵網，把①放上去，蓋上鍋蓋。

❹開大火加熱，等香味出現，煙冒出來之後，把火關小。
❺等肉上色後，關火，這樣就完成了。

第 **6** 章

日本的肉品現狀

飼育

。　。

我們每天所吃的「肉」，究竟是怎麼來的呢？家畜的肉質會根據飼料、環境和飼育時間的長短有所差異。為了能安定供給肉品給消費者，需要生產者的努力。

牛的飼育

就飼育牛隻的農家來說，分成幫助母牛受精並讓牠產下小牛的「繁殖農家」，以及讓牛隻體重增加，重視牛肉品質的「肥育農家」兩種。而兩者兼顧的，稱為「一貫農家」。

牛的生命週期

「繁殖牛」的母牛，在出生後15～16個月就能交配，懷孕期約285天。交配有九成以上都必須仰賴人工受精。牛一次懷胎生一隻。生下來的小牛，會由母牛親自養育5～7個月，之後就進入離乳期。公牛在出生後2～3個月就進行結紮，然後

大概要花30個月的時間，養肥至690公斤左右。作為「繁殖牛」養育的母牛，一旦繁殖能力下降，便會當作「肥育牛」賣出，公牛則是直接被當成「肥育牛」來飼育、販賣的。

牛的飼料

餵食牛隻的飼料，是決定牛隻會長成少脂肪的瘦肉或是雪花肉等不同型態的重要因素。主要會餵食牧草、乾草等的「粗飼料」，以及玉米及大豆、小麥等穀類的「濃厚飼料」，另外還有根據飼育目的，將飼料原料做混合搭配的「混合飼料」。如果是用營養價值比穀類低，但以

豬的飼育

近年來，因環境問題及沒有人願意養豬等問題，「養豬農家」有減少的傾向。或許正因為如此，願意將「繁殖」到「肥育」一手包辦，讓飼育規模更擴大的組織出現了。

豬的生命週期和飼料

豬可分成「繁殖豬」，以及作為肉豬的「肥育豬」兩種。「繁殖豬」的母豬，出生約8個月之後就會進行交配，懷孕期間大約是114天。交配分成自然交配及人工受精。「肥育豬」的公豬則在出生後立即進行結紮，飼養6～7個月，大概長到100～120公斤就會進行宰殺。繁殖能力降低的母豬，則會成為加工食品的材料。

豬是什麼都吃的雜食性動物，但是現在的日本，主要會餵食混合了麥子、玉米、大豆等進

食物纖維較多的「粗飼料」來飼育，牛肉就會偏向脂肪少的瘦肉。但要是以「濃厚飼料」來飼育的話，牛肉會變成脂肪較多的雪花肉，雪花肉正是日本的主流。

口原料的「混合飼料」。但近年為了讓豬肉品質更具特色，所以會在飼料加入地方特產品。

雞的飼育

有90％「肉用雞」是稱為「童子雞」的「幼雞」。在養雞場裡，為了提高生產效率，通常不會把雞舍做出隔間，而是進行「開放飼育」。

雞的生命週期及飼料

雞的飼育期間大概是50天左右。重量只要有2.5～3公斤就可以販售。因為是在溫度、空調、照明等都有嚴格控管的環境中成長的，所以飼料及飲用水也都是統一管理的。飼料是混合了各種穀物及動物性原料的「混合飼料」。

用語說明

瘦肉：去除脂肪，不帶骨的肉。只有瘦的部位。

阿基里斯：阿基里斯腱。

豬網油：位於豬大腸和小腸之間，包覆內臟的白色網狀脂肪。

Well-Done：牛排的烹調法之一，從切面看，肉色已經不帶粉紅色的熟度。

SPF豬：所謂的「Specific Pathogen Free Pig」，是指沒有感染特定病原體的豬隻。

枝肉：將家畜的頭部、內臟、四肢前端去除後，其他帶骨的部位。通常會沿著脊椎切成兩半。

家禽：為了使用肉、蛋、羽毛等而飼育的鳥類總稱。或者是對人類生活有幫助的野生鳥，在經過了品種改良後，開始飼育的鳥類。包括雞、鵪鶉、火雞、鴨、鵝等。

等級區分：針對牛、豬的枝肉，由社團法人日本食肉格付協會，以「牛枝肉交易規格」及「豬枝肉交易規格」訂定出來的等級。

背帽肉：位於牛背的最長背肌。一般會附在牛的肋眼肉，但在背肉、五花肉、腿部也可看見。位於牛肩肉上方，筋跟油脂的分布相當明顯。牛肉、豬肉跟羊肉都有。

豬肚：豬的胃。

豬頭肉：臉頰和太陽穴的肉（頭部的肉）。

牛五花：一般是指牛的前胸肉或胸腹肉。

皺胃：牛的第四個胃（參考41頁）

雞卵巢 蛋雞的卵巢。

燻製 將帶有香氣的櫻木等木材以高溫加熱，冒出的煙接觸到食材，讓食材充滿了煙燻味，而且煙所含的殺菌、防腐成分會浸透到食材裡，這是屬於食品加工的技法之一。

腸衣 香腸的表皮部分。主要使用動物的腸子，但其他也有人工（膠原蛋白、塑膠、纖維素）的腸衣。

國產牛 與品種無關，而是指在生產到畜養這段時間，長時間在日本飼育的牛隻總稱。

豬子宮 豬的子宮。

さ

肝連肉 接近腰椎的橫膈膜部位。

雪花 隱藏在肌肉纖維間的脂肪。成雪花狀態。

三元豬 三種豬隻品種交配之後，誕生的豬隻名稱。品牌豬。

三層肉 一般是指豬五花肉。也可指牛的胸腹肉。

色澤 顏色光澤。在分辨牛肉等級時，「肉的色澤」和「脂肪色澤與品質」也是判定的標準。

地雞 在來種的「比內雞」和「薩摩雞」的交配品種。

脂肪交雜 脂肪均勻分布在肌肉之間。霜降肉、雪花肉。

霜降肉 脂肪如網狀般，均勻分布在肌肉之間。

夏多布里昂 也就是夏多布里昂牛排。使用牛的腰裡脊肉中間，最粗的部分做成的牛排。19世紀初的法國政治家夏多布里昂命令廚師烹煮的，故以他的名字來命名。

筋 位於肉與肉之間的韌筋。

雞胗 雞胃的肌肉。

排骨 帶骨五花肉（參考65頁）

世界三大火腿 義大利的「義式帕瑪生火腿」，西班牙的「西班牙山火腿」和中國的「金華火腿」。

重瓣胃 牛的第三個胃（參考40頁）

た	な	は
舌 舌頭	**生食** 通常會加熱之後再食用的材料，卻在未經過加熱的狀態下「生」食用。	**蜂巢胃** 牛的第二個胃（參考39頁）
去血水 将肝臟或心臟等內臟中的血塊去除，為了消除腥臭味而做的處理。使用水、鹽水、流動的水、冷水、冰水、牛乳等。		**心** 心臟。
保溫室 冰凍至快要結凍的溫度，也就是低溫冷藏。		**橫膈膜** 橫膈膜
丁骨牛排 帶骨的前腰脊肉，切割時，會連同內側腰裡脊肉一起切下。切面的骨頭像丁字。		**BSE 問題** 2000 年初，因為「牛海綿狀腦症」，或稱為「狂牛症」的發生，而且不光是牛傳染牛，人類也可能受到
牛尾 尾巴。		
肉汁 冷凍的肉解凍之後所流出的汁液。要是肉汁流失太多，肉的甜度跟營養成分也會跟著流失。		

傳染，所以英國禁止某些危險部位進口，同時也禁止食用。日本除了也對牛肉進口採取某些限制外，消費者也減少肉品的食用，對畜產、時肉產業，以及外食產業等的影響相當大。

高湯 義大利料理或法國料理的基本高湯，可用來烹調湯品或濃湯。

內臟 畜產的內臟。包括牛、豬、雞等家畜、家禽的內臟。

豬肺 豬的肺臟。

童子雞 改良成肉用雞的幼雞。

成羊 長 1 顆以上恆齒的羊。羊大概在出生後十二個月長恆齒。

ま		
豬腰 腎臟。	**Medium** 牛排的熟度（參考21頁）	**品牌牛** 各地生產者及銷售團體為了與其他牛肉做出區分，因而特別取名的國產牛。豬的話就是「品牌豬」，雞的話就是「品牌雞」。
	牛瘤胃 牛的第一個胃（參考38頁）	
	無菌豬 稱為「Grrm Free Pig」的豬。在特殊環境下成長，跟 SPF 豬不同。	

や	ら	わ
四元豬	肝	和牛
	Rare	
	小牛胸腺	
	羔羊	

四元豬

四種豬隻品種交配之後，誕生的豬隻名稱。品牌豬。

肝

肝臟

Rare

牛排的烹調法之一，只有表面煎熟，裡面保留餘溫（參考21頁）。

小牛胸腺

小牛的胸腺。

羔羊

通常是指尚未長恆齒的小羊。

和牛

日本在來種和外國產的牛交配且經過改良後，是日本特有的肉用品種。

【參考文獻】

《料理材料大圖鑑 マルシェ》
大阪あべの辻調理師專門學校、エコール　リキュエール東京、國立編／講談社／1995 年

《食材圖點 II 加工食材篇》
成瀬宇平監修／小學館／2001 年

《豚枝肉の分割とカッティング》
畑田勝司監修／食肉通信社／2002 年

《新版 食材圖典 生鮮食材篇》
成瀬宇平、武田正倫等監修小學館／2003 年

《旬の食材 別巻 肉、蛋圖鑑》
講談社編／講談社／2005 年

《別冊 NHK きょうの料理 徹底！マスター豚肉、牛肉、雞肉》
日本放送出版協會／2007 年

《肉で食育する本─スーパーマーケットだからできる》
毛見信秀著／商業界／2008 年

《燒肉手帳》
東京書籍出版編輯部編／東京書籍／2009 年

《食肉の知識》
社團法人日本食肉協議會／2009 年

《牛部分肉からのカッティングと商品化》
食肉通信社編／得丸哲士監修／食肉通信社／2010 年

《お肉の表示ハンドブック 2010》
全國食肉公正取引協議會／2010 年

《五訂增補食品成分表 2011 本表篇》
香川芳子監修／女子營養大學出版部／2010 年

《美日役立つ　からだにやさしい藥膳、漢方の食材帳》
藥日本堂監修／實業之日本社／2010 年

《別冊專門料理 プロのための牛肉＆豚肉 料理百科》
柴田書店／2011 年

【網址】

財團法人日本食肉消費綜合中心
http://www.jmi.or.jp/

【監修】

株式會社 藤屋
喜久川政也〔食肉指導〕
鈴木泰至〔料理指導〕
宮武憲行
戶塚尚之
榎本洋一

設計 小島正繼〔graff〕
攝影 HALU
協助撰寫 伊嶋まどか
編輯製作 アトリエ　ハル：G

知っておいしい　肉事典

肉事典

133 個小常識，

讓你完全瞭解各種食用肉的
風味、口感、保存方法和料理方式。

作　　者	実業之日本社	
譯　　者	張秀慧	
木馬文化社長	陳蕙慧	
副總編輯	李欣蓉	
封面設計	謝捲子	
行　　銷	傅士玲、尹子麟、姚立儷、 洪啟軒	
讀書共和國社長	郭重興	
發行人兼出版總監	曾大福	
出　　版	木馬文化事業股份有限公司	
發　　行	遠足文化事業股份有限公司	
地　　址	23141新北市新店區民權路108-3號8樓	
電　　話	(02)22181417	
傳　　真	(02)22188057	
郵撥帳號	19588272木馬文化事業股份有限公司	
法律顧問	華洋國際專利商標事務所　蘇文生律師	
印　　刷	成陽印刷股份有限公司	
二　　版	2020年2月	
定　　價	340元	

國家圖書館出版品預行編目(CIP)資料

肉事典 ： 133個小常識,讓你完全了解各種食用肉的風
味、口感、保存方法和料理方式 / 実業之日本社著；張
秀慧譯. -- 二版. -- 新北市：木馬文化出版：遠足文化發行,
2020.2
　面；　公分
譯自：知っておいしい肉事典
ISBN 978-986-359-734-6(平裝)
1.食品科學 2.肉類食物
439.6　　　　　　　　　　　　　　108016799

本書言論內容不代表本出版集團立場

TENDER LOIN
腰內脊肉

HAM
外側後腿肉

HAM
上後腿肉

HAM
腿肉

ISBN 978-986-359-734-6
00340

9789863597346

ISBN 978-986-359-734-6
NT 340

肉事典

不管是五花肉和里脊肉等熟悉的部位，
還是從未吃過的內臟等。
把每個部位的特色、處理方法一一介紹，
以及針對每種肉品所推薦的貼心食譜。

書中用精彩的圖文，解答對於肉的所有困惑：

●最好吃的部位在哪裡

每個人所喜愛咀嚼的感受不同，有的偏愛嚼勁，有的則喜歡油脂的甜味；有的部位脆韌香，有的則味道醇厚。書裡將每塊肉的特性介紹得淋漓盡致，讓你不會選擇錯誤。

●吃肉的長壽祕方

含有豐富鐵質的是什麼肉，肉要如何烹調才能吃得美味又健康，哪個部位的肉油脂最少熱量低減肥者最適合。對於想吃得健康又想吃得美味的人最有幫助！

●對付「肉」的技巧

料理要先從肉的正面著手，哪個是正面?牛肉幾天最好吃？如何甩開腥臭味呈現美味？什麼肉需要先燙熟再冷凍。什麼肉的保鮮期限只有兩天？掌握技巧，不會老是對處理肉覺得非常棘手！

●高湯的祕訣是什麼

該選擇什麼部位熬煮，加入什麼配料會更適合，不同肉所表現的高湯底子也不一樣，有清爽有濃郁。有了這本書，輕鬆當個料理達人！

●肉的驚喜料理

煙燻雞肉在家也能輕鬆做！烤肉醬安心又好食的作法有好幾種！學學英國人料理肉，沖繩人如何烹調肉！火腿、培根、香腸一一呈現！

肉類是力量的來源！
跟著我們一起進入
會讓口水直流的 肉類世界吧！

第1章
牛肉【BEEF】

牛的種類／等級區分
牛肉的部位／烹調／營養

前腰脊肉
腰裡脊肉
胸腹

COLUMN肉類料理與辛香料&香草

牛內臟／烹調／營養

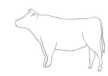

第2章
豬肉【PORK】

豬的種類／等級區分
豬肉的部位／烹調／營養

肋排

COLUMN烹調重點 – 熱炒
COLUMN烹調重點 – 油炸

豬內臟／烹調／營養／豬耳朵

COLUMN吃肉會變胖是真的嗎

第3章
雞肉【CHICKEN】

雞的種類／部位

雞軟骨
雞卵巢
雞骨架／雞皮

COLUMN製作高湯

第4章
其他的食用肉

羊肉
馬肉／山羊肉／鹿肉
山豬肉／熊肉／兔肉
鴨肉
鵝肉／鵪鶉肉／鳩肉
火雞

COLUMN日本人是從哪個時候開始吃肉呢
COLUMN 高齡者也應該要吃肉

第5章
絞肉、加工品

絞肉(牛絞肉／豬絞肉／雞絞肉／牛豬混合絞肉)
火腿(裡脊肉火腿/無骨火腿/壓型火腿)
生火腿(肋肉火腿/義大利風乾火腿)
培根(培根/燻肩肉/生培根)
香腸(維也納香腸/粗顆粒香腸/臘腸/
西班牙臘腸/無鹽香腸/生香腸)